地球のカタチ
katachi

カレンダーから世界を見る

中牧弘允
Hirochika Nakamaki

白水社

地球のカタチ
katachi

カレンダーから世界を見る

गीता सार

* क्यों व्यर्थ चिन्ता करते हो? किससे व्यर्थ डरते हो? कौन तुम्हें मार सकता है? आत्मा न पैदा होती है, न मरती है।
* जो हुआ, वह अच्छा हुआ। जो हो रहा है, वह अच्छा हो रहा है। जो होगा, वह भी अच्छा ही होगा। तुम भूत का पश्चाताप न करो। भविष्य की चिन्ता न करो। वर्तमान चल रहा है।
* तुम्हारा क्या गया, जो तुम रोते हो? तुम क्या लाये थे, जो तुमने खो दिया? तुमने क्या पैदा किया था, जो नाश हो गया? न तुम कुछ लेकर आए, जो लिया इसी (भगवान) से लिया, जो दिया इसी को दिया। खाली हाथ आये, खाली हाथ चले। जो आज तुम्हारा है, कल किसी और का था, परसों किसी और का होगा। तुम इसे अपना समझ कर मग्न हो रहे हो, बस यही प्रसन्नता तुम्हारे दु:खों का कारण है।
* परिवर्तन संसार का नियम है। जिसे तुम मृत्यु समझते हो, वही तो जीवन है। एक क्षण में तुम करोड़ों के स्वामी बन जाते हो तो दूसरे ही क्षण में तुम दरिद्र हो जाते हो। मेरा-तेरा, छोटा-बड़ा, अपना-पराया, मन से मिटा दो, विचार से हटा दो, फिर सब तुम्हारे हैं तुम सबके हो।
* न यह शरीर तुम्हारा है, न तुम शरीर के हो। यह अग्नि, जल, वायु, पृथ्वी, आकाश से बना है और इसी में मिल जायेगा। परन्तु आत्मा स्थिर है, फिर तुम क्या हो? तुम अपने आपको भगवान के अर्पित करो, यही सबसे उत्तम सहारा है। जो इसके सहारे को जानता है, वह भय, चिन्ता, शोक से सर्वदा मुक्त है।
* जो कुछ भी तू करता है, उसे भगवान को अर्पण करता चल। इसी से तू सदा जीवन-मुक्ति का आनन्द अनुभव करेगा।

गौरीका काल दर्शक पंचांग

जनवरी 2003, संवत् 2059- पौष कृष्ण पक्ष 14 से माघ कृष्ण पक्ष 14 तक

भारतीय व्रतोत्सव
दि. 1- मास शिवरात्रि
दि. 9- गुरु गोविन्द सिंह ज.
दि. 11- शाकम्भरी नवरात्रारम्भ
दि. 13- लोहिड़ी
दि. 14- मकर संक्रान्ति, गंगा सागर यात्रा, पोंगल (द. भा.)
दि. 15- प्रदोष व्रत
दि. 17- सत्यव्रत
दि. 18- शाकम्भरी जयंती, माघ स्नान प्रारम्भ, पौषी पूर्णिमा
दि. 21- संकटहारिणी चतुर्थी (चंद्रोदय 20/57 बजे)
दि. 23- श्रीसुभाष चन्द्रबोस नेताजी जयन्ती
दि. 24- विवेकानन्द जयन्ती, श्रीरामानन्दाचार्य जयंती
दि. 29- प्रदोष व्रत
दि. 30- मासशिवरात्रि

जैन व्रतोत्सव
दि. 13- आचार्य जिनसागर पुण्य तिथि
दि. 29- श्री शीतलनाथ जन्म
दि. 30- मेला केसरिया जी श्री अनादिनाथजी मोक्ष

मासिक अवकाश
दि. 1- नववर्ष
दि. 9- श्री गुरु गोविंदसिंह ज.
दि. 13- लोहड़ी (पंजाब)
दि. 14- मकर संक्रांति, पोंगल
दि. 26- गणतन्त्र दिवस

SUN	MON	TUE	WED	THU	FRI	SAT
1st Jan. NAV VARSH	9th Jan. GURU GOVIND SINGH JAYANTI	13th Jan. LOHRI 26th Jan. REPUBLIC DAY	1 पौष कृ. चतुर्दशी	2 अमावस्या	3 पौष शु. एकम	4 दूज
5 तीज	6 विनायक चौथ	7 पंचमी	8 षष्ठी	9 सप्तमी	10 अष्टमी	11 श्रीदुर्गा अष्टमी
12 नवमी	13 दशमी	14 पुत्रदा एकादशी	15 रोहिणी व्रत द्वादशी	16 त्रयोदशी	17 चतुर्दशी	18 पूर्णिमा
19 माघ कृ. एकम	20 दूज	21 तीज	22 चौथ	23 पंचमी /षष्ठी	24 सप्तमी	25 काला अष्टमी
26 नवमी	27 दशमी	28 षटतिला एकादशी	29 द्वादशी	30 मेरु त्रयोदशी	31 चतुर्दशी	14th Jan. MAKAR SANKRANTI

फरवरी 2003, संवत् 2059-माघ कृष्ण पक्ष 30 से फाल्गुन कृष्ण पक्ष 13 तक

भारतीय व्रतोत्सव
दि. 5- तिल 4, विनायक 4
दि. 6- श्री सरस्वती जयन्ती, श्रीपंचमी
दि. 8- रथ सप्तमी, अचला 7
दि. 9- दुर्गाष्टमी, भीष्माष्टमी
दि. 13- संक्रांति पुण्यकाल
दि. 14- प्रदोष व्रत
दि. 15- मेला जैसलमेर (राज.) 3 दिन का
दि. 16- श्रीललिता जयन्ती, श्रीरामचरण महाप्रभु ज., श्री रविदास ज., सत्य व्रत, माघ स्नान पूर्ण
दि. 23- सीताष्टमी, हलष्टमी, कालाष्टमी
दि. 25- श्री रामदास नवमी
दि. 26- विजया 11 व्रत स्मार्त्त
दि. 27- विजया 11 व्रत वैष्णव
दि. 28- प्रदोष व्रत

जैन व्रतोत्सव
दि. 1- लब्धी विधान प्रारम्भ
दि. 6 से 15- दशलक्षण पर्व
दि. 8- लब्धी विधान पूर्ण
दि. 11- रोहिणी व्रत
दि. 16- जिनेन्द्र रथ यात्रा
दि. 17- षोड्श कर्ण विधान पूर्ण
दि. 28- श्री वासु पूज्य स्वामी ज.

मासिक अवकाश
दि. 6- बसंत पंचमी
दि. 12- ईदुलजुहा
दि. 16- श्री रविदास जयन्ती

SUN	MON	TUE	WED	THU	FRI	SAT
6 th Feb. BASANT PANCHMI	12 th Feb. ID-UL-ZUHA	16 th Feb. RAVIDAS JAYANTI				1 मौनी अमावस्या
2 माघ शु. एकम	3 दूज	4 गौरी तीज	5 विनायक चौथ	6 बसंत पंचमी	7 षष्ठी	8 सप्तमी
9 अष्टमी	10 नवमी	11 नवमी	12 दशमी	13 जया एकादशी	14 भीष्म द्वादशी	15 त्रयोदशी
16 चतुर्दशी /पूर्णिमा	17 फाल्गुन कृ. एकम	18 दूज	19 तीज	20 गणेश चौथ	21 पंचमी	22 षष्ठी
23 सप्तमी	24 अष्टमी	25 नवमी	26 दशमी/ एकादशी	27 द्वादशी	28 त्रयोदशी	मूल्य रु0. 20.00

प्रकाशक: रुचिका पब्लिकेशन्स
7/6411, देव नगर, आर्य समाज रोड, करोल बाग, नई दिल्ली-5

वितरक: अग्रवाल बुक डिपो
460, खारी बावली, दिल्ली-6 ☎ 3943254, 3936116

口絵1（右頁）　**インドのカレンダー**

西暦2003年1月はヴィクラマ暦の2059年にあたりますが、後者の1月に対応していないばかりか、後者には年の数えかたに「満」と「数え」のちがいもあります。

口絵2　**シンガポールのカレンダー**

西暦、中国農暦、イスラーム暦、タミル暦の記載があり、シンガポールとマレーシアにおける競馬の開催日と開催地がのっています。

地球のカタチ
katachi

カレンダーから世界を見る　contents

JEVREJSKA ZAJEDNICA BOSNE I HERCEGOVINE - SARAJEVO
JEWISH COMMUNITY OF BOSNIA AND HERZEGOVINA - SARAJEVO
הקהילה היהודית בבוסניה והרצגובינה - סרייבו
Hamdije Kreševljakovića 59, 71000 Sarajevo, phone/fax: + 387/33 66 34 72, + 387/33 66 34 78
URL: http://www.open.net.ba/~la_bene
E-mail: la_bene@open.net.ba

2005 - 2006 ✡ 5766

Oktobar 2005			ELUL / TIŠRI			5765 / 5766
NEDJELJA	PONEDJELJAK	UTORAK	SRIJEDA	ČETVRTAK	PETAK	SUBOTA
						1 27 ELUL 19:12
2 28 ELUL	3 EREV ROŠ HAŠANA 29 ELUL	4 ROŠ HAŠANA 1. DAN 1 TIŠRI	5 ROŠ HAŠANA 2. DAN 2 TIŠRI	6 GEDALJIN POST 3 TIŠRI	7 4 TIŠRI 17:58	8 5 TIŠRI 18:54
9 6 TIŠRI	10 7 TIŠRI	11 8 TIŠRI	12 EREV JOM KIPUR 9 TIŠRI	13 JOM KIPUR 10 TIŠRI	14 11 TIŠRI 17:46	15 12 TIŠRI 18:47
16 13 TIŠRI	17 EREV SUKOT 14 TIŠRI	18 SUKOT 1. DAN 15 TIŠRI	19 SUKOT 2. DAN 16 TIŠRI	20 17 TIŠRI	21 18 TIŠRI 17:35	22 19 TIŠRI 18:36
23 20 TIŠRI	24 HOŠANA RABA 21 TIŠRI	25 ŠEMINI ACERET 22 TIŠRI	26 SIMHA TORA 23 TIŠRI	27 24 TIŠRI	28 25 TIŠRI 17:24	29 26 TIŠRI 18:26
30 27 TIŠRI	31 28 TIŠRI					

LA BENEVOLENCIJA
1892

DONATED BY NETWORK OF
LA BENEVOLENCIJA AND JDC

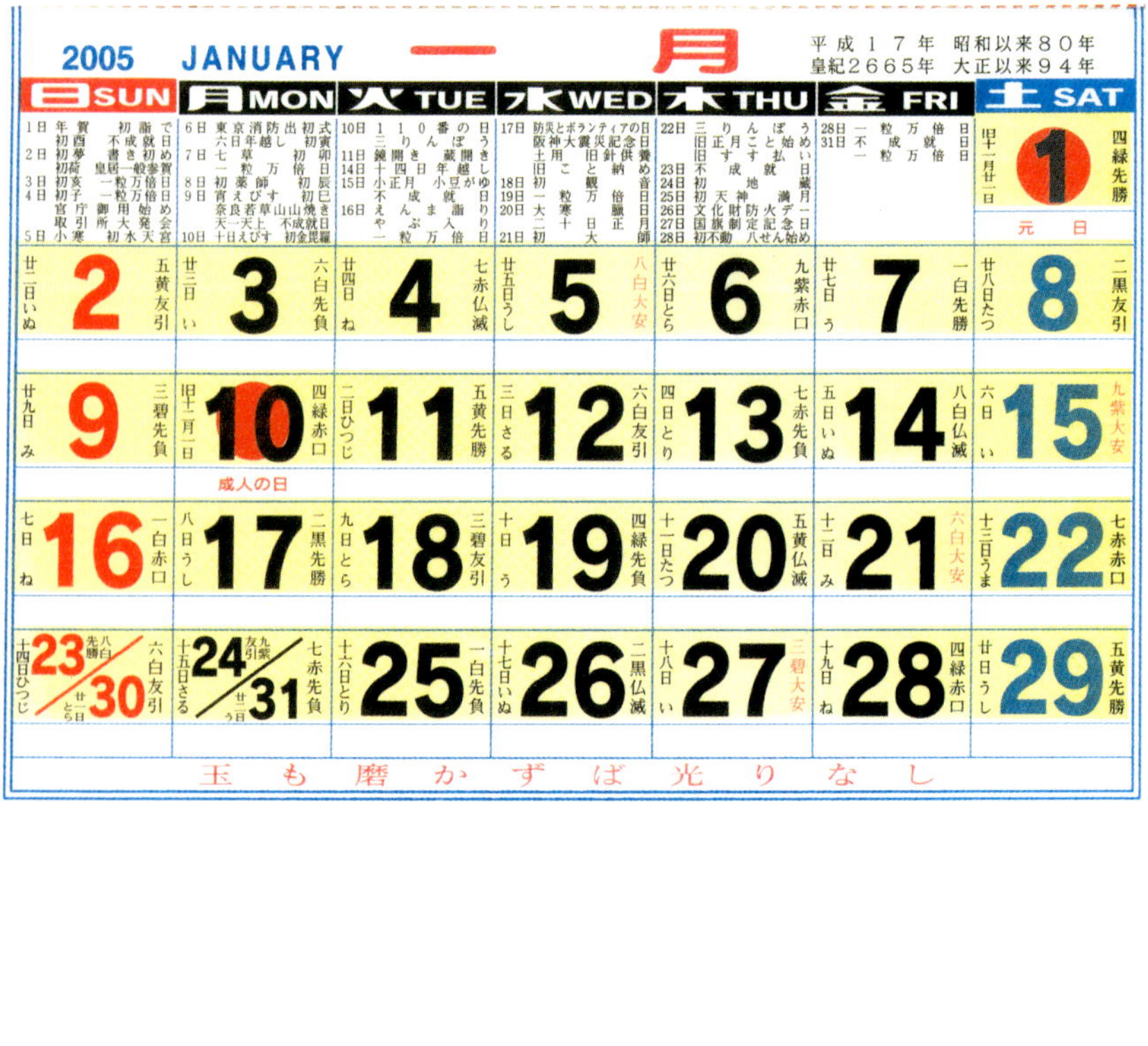

口絵3（右頁）**ボスニア・ヘルツェゴビナのユダヤ・コミュニティーのカレンダー**

西暦2005年10月4日がユダヤ暦5766年1月1日にあたります。

口絵4　**最近はあまり見かけなくなった日本のカレンダー**

神武紀元の皇紀だけでなく、昭和以来、大正以来の年数までのっています。

装丁・本文デザイン　妹尾浩也（iwor）

カレンダーは文化である

われわれが使っているカレンダーには日付以外のさまざまな情報が盛り込まれています。女優やモデルのポートレート、心を和《なご》ます動物や風景の写真、ひいきのチームのスター群像などなど、日にちはそっちのけで、もっぱら写真を楽しんでいる場合もすくなくありません。もちろん写真以前には絵画があしらわれていました。くわえて、企業や商店のカレンダーには広告がつきものですし、生活便利情報がのっていることもあります。宗教的なカレンダーには聖句《せいく》や処世訓《しょせいくん》が日めくりになっているものもあります。

また、月の満《み》ち欠けや日の出、日の入りは暦《こよみ》本来の基本情報です。潮《しお》の干満《かんまん》や季節の移り変わりもカレンダーには欠かせません。日の吉凶《きっきょう》や星座の運行も気にする人には重要です。にもかかわらず、最近のカレンダーにはそうした情報を欠くシンプルなものが多くあります。申し訳程度に、日曜・祭日だけが赤の日付とともにマークされているにすぎません。ビジネス中心の日常生活には月齢《げつれい》など余計《よけい》だといわんばかりです。

カレンダーのつくり手や使い手の意図や認識はかならずしも日付に集中するわけではありません。暦は「日読《か》み」からきているというのは日本民俗学の通説ですが、現代の民俗や風俗を反映するカレンダーには日付以外の情報が増加しています。聖《ひじり》とは「日知り」のことで、日和《ひより》を判断することが「日和見《ひよりみ》」であるとする民俗学の常識も、めまぐるしく多忙《たぼう》な日常に埋没《まいぼつ》するいまの時代には発言力をおさえこまれています。日付は二の次としか思えない癒《いや》し系の動物カレンダーが売り場を占領するさまを見るにつけ、ますますその念を強くします。いまや干支《えと》の動物よりもペットの犬猫のほうが大きな顔をしているのですから。

漢字で暦とはそもそも日（太陽）が規則正しく運行することを字義としています。その「暦」に似た字に「歴」があります。こちらは一定間隔の止（足趾《あしあと》）、つまり歩行を意味しているのです。ただし、日（太陽）だけには暦の字があてられたのです。となると、日本や中国では昼間の日（太陽）の運行が一日の感覚のなかで重みをもっていたと推測されます。

逆に、一日のはじまりを日没にもとめる人たちがいます。たとえばユダヤ人やアラブ人にとっては、夜空に出現する月が大切な目印となっているのです。イスラーム教のラマダーンと呼ばれる断食月《だんじきづき》の開始は夕刻の西の空に月のかけらが肉眼で見えたときとされています。その判断は天文学者ではなく、ムフティーとよばれる高位《こうい》のイスラーム法学者によってなされます。もっとも、曇っていたり、雨だったりして、月が見えないときは、その翌日がラマダーン入りの日となります。

時間のくぎりかた

年月日などの時間のくぎりかたは太陽と月の運行が基本的な指標《しひょう》となっています。太陽の一年の周期である三六五・二四日強《きょう》を基本とする太陽暦《たいようれき》、月の満ち欠けの周期である二九・五三日強をひと月とする太陰暦《たいいんれき》、そして太陰暦と太陽暦の組み合わせである太陰太陽暦が世界を覆《おお》いつくしているといっても過言《かごん》ではありません。しかし画一的《かくいつてき》ではなく、イランの太陽暦のように春分《しゅんぶん》から一年がはじまるものもあれば、中国やインドの太陰太陽暦のように複雑にからみあうものもあり、地域によるバリエーションがみられます。

さらに言うと、太陽・月・星座の天球《てんきゅう》の動きだけが時の流れを計る絶対的なものさしではありません。いわゆる自然暦と呼ばれるものも季節の移り変わりを知る貴重《きちょう》な情報源だったのです。雨季《うき》とか乾季《かんき》といった熱帯特有の季節観もあれば、モンスーン地域のタイやミャンマーのように雨季には雨安居《うあんご》といって、三ヶ月ほど仏教修行《ぶつきようしゆぎよう》にはげむ季節もあります。さらに花暦《はなごよみ》のように四季の移ろいを花であらわす美的で詩的なカレンダーもあります。

時間は文化的にいかようにもくぎられます。十干《じつかん》と十二支《じゆうにし》を組み合わせた干支《えと》はその最たる例です。六曜《ろくよう》（先勝《せんしよう》、友引《ともびき》、先負《せんぶ》、仏滅《ぶつめつ》、大安《たいあん》、赤口《しやつこう》）や七曜《しちよう》（日曜日から土曜日の一週七日）も人為的《じんいてき》な分割です。孔子《こうし》、ブッダ、キリストなどの聖人、あるいは金日成（キム・イルソン）のような革命家の誕生や死を紀元《きげん》にすえた紀年法、檀君《だんくん》や神武天皇《じんむてんのう》など神話的英雄の事跡《じせき》を紀年とするもの、辛亥《しんがい》革命など歴史的事件を積算《せきさん》の基点とするものなど、年の数えかたは広い意味での文化に規定されています。モンゴルの英雄チンギス・ハーンにちなんで最近刊行された暦の本は旧暦《きゆうれき》の日付のとりかたが公式の暦とは微妙《びみよう》にちがっているといいます。そのことによって元旦《がんたん》が一日ならまだしも、場合によっては一ヶ月もずれてしまうのです。

カレンダーに表現されている情報はいろいろな文化と複雑に結びついています。文化には民俗文化から国民文化まで、あるいは宗教文化から大衆文化まで、さまざまな生活様式を含んでいます。民族文化もあれば、企業文化もあります。芸術性の高いものもあれば、政治性の濃いものもあります。カレンダーをとおして文化を理解する窓口を確保しようとする研究をわたしは「考暦学《こうれきがく》」と称《しょう》しています。「考暦学」とは考古学にならい、暦を考える学というほどの意味です。暦の文法ともいうべき暦法《れきほう》だけでなく、絵や写真や広告を含めた情報発信のメディア（媒体《ばいたい》）としての暦（カレンダー）が対象となります。

一般にカレンダーは使い捨てられる運命にあります。日めくりは日付があらたまれば不用になります。月と年に関しても同様です。このことは時代をさかのぼればさかのぼるほど収集が困難になることを意味しています。大量に発行される暦でも後世《こうせい》に残るものはわずかです。また、暦は一部の好事家《こうずか》をのぞき、趣味としての収集の対象にはなっていません。切手やコインのような売買《ばいばい》のマーケットがあるわけでもありません。つまり、暦には交換価値がほとんどないのです。

しかし暦は、宗教とグローバル化の問題を考えるさい、ひとつの有力な手がかりを提供してくれます。グローバル化が経済、金融《きんゆう》、通信などに主導《しゅどう》された地球規模の一体化に向かっているとすれば、西暦《せいれき》（グレゴリオ暦）はまさしくその一翼《いちよく》をになう存在となっているからです。いまやイスラーム諸国においてすら西暦が国の定《さだ》める暦法となっています。世界を覆《おお》うスタンダードとしての西暦は誰の目にもあきらかです。しかしながら、古くから使用されてきたさまざまな暦法が世界の各地でいまだに健在《けんざい》であることも、これまたまぎれもない事実なのです。とすれば、グローバル化する西暦と宗教的・民族的・地域的な暦との関係は現代世界を紐解《ひもと》く有効な方法となりうるのではないでしょうか。

暦はユダヤ暦、西暦、イスラーム暦、ヒンドゥー暦をはじめ、宗教とのつながりは古く深いものです。したがって文明と宗教の関係を解明するときに暦はひとつの切り口として活用できるはずです。今日、「文明の衝突」というような議論がでていますが、その妥当性《だとうせい》を吟味《ぎんみ》する場合にも暦は役立つはずです。なぜなら、カレンダーを見るかぎり、衝突よりもむしろ「文明の共存《きょうそん》」がはかられているからです。この場合の文明とは、統合原理《とうごうげんり》としてのシステムと言っていいでしょう。

実際、暦をとおして世界のさまざまな文化をいろいろな形で理解することができます。すくなくともその糸口《いとぐち》をさぐることが可能です。なぜなら、世界中にはさまざまな暦法が存在し、それが宗教や国家の庇護《ひご》を受けて維持《いじ》・継承《けいしょう》されているからです。同時に、同じ媒体に暦法のみならず、関連情報が提供されています。たとえば現在のカレンダーには日付とともに美しい写真や絵画、あるいは会社名やその広告が印刷されています。そうした関連情報もふくめて暦を研究することが十分可能なのです。

1 ひびきあう時間

ふだんわたしたちが使っているのは西暦です。しかし、それ以外にも、世界にはさまざまな暦があります。西暦、すなわちグレゴリオ暦は日本では新暦《しんれき》とも呼ばれましたが、これにたいして旧暦、つまり中国伝来《でんらい》の太陰太陽暦に修正をくわえた暦は公式には明治六年以降、廃止《はいし》されました。とはいえ旧暦は旧正月（春節《しゅんせつ》）、小正月《こしょうがつ》とか中秋《ちゅうしゅう》の名月《めいげつ》にその名残《なごり》をとどめていますし、奄美《あまみ》・沖縄《おきなわ》地方ではいまでも旧暦にもとづく行事がすくなくありません。日本の旧暦にあたるものは、中国では陰暦《いんれき》あるいは農暦《のうれき》と呼ばれ、陽暦《ようれき》ないし公暦《こうれき》と称《しょう》されるグレゴリオ暦と併記《へいき》されています。また韓国《かんこく》でも陰暦が西暦と併用されています。

まずはあらためて、わたしたちが慣《な》れ親しんでいる西暦（グレゴリオ暦）について簡単に説明しておきましょう。

グレゴリオ暦の誕生

グレゴリオ暦のもとはユリウス暦にあります。七月は英語でJulyといいます。これはジュリアスあるいはユリウスからきています。かの有名な古代ローマの独裁官ジュリアス・シーザー（ユリウス・カエサル）に由来《ゆらい》しているのです。シーザーといえばクレオパトラとの恋が取り沙汰《ざた》され、クレオパトラの鼻がもうすこし低かったら（短かったら）歴史は変わっていただろうと、フランスの哲学者パスカルに言わしめています。シーザーとクレオパトラとの出会いはローマ文明とエジプト文明とのそれでもありました。同時にローマ暦とエジプト暦との遭遇《そうぐう》でもあって、ローマにエジプトの太陽暦がもたらされる結果となりました。

古代ローマの暦としてはロムルス暦やヌマ暦が知られています。前者はオオカミに育てられた伝説上の建国者ロムルスの名を冠《かん》していますが、一年は春分《しゅんぶん》のころにはじまり、冬至《げし》のころに終わり、冬の二ヶ月間は冬眠《とうみん》の時期として暦には採用されませんでした。後者はロムルスの後継者《こうけいしゃ》であるヌマ王によって制定されたと伝えられ、年末の二ヶ月を付けくわえ、一年を三五五日としました。しかし、閏日《うるうび》の挿入《そうにゅう》が聖職者《せいしょくしゃ》の特権となっていて、一定の原則がなく、シーザーのころには日付と季節には三ヶ月のずれがありました。
シーザーはクレオパトラの国エジプトの太陽暦を導入し、九〇日の閏日を挿入して、暦の上の混乱に終止符《しゅうしふ》を打ちました。すなわち一年を三六五日と四分の一（六時間）とし、四年ごとに閏日を一日入れて、調整をはかることとしたのです。また、一月を新しい年初《ねんしょ》に定めました。紀元前四六年のことです。シーザーはこの年を「最後の乱れた年」と呼びましたが、他の人たちは「最後の」をぬかして「乱れた年」として記憶しました。後に元老院《げんろういん》はシーザーの功績《こうせき》をたたえ、三月から数えて第五の月（クインティリウス）をユリウスに変更したのです。そればかりか、シーザーが制定した太陽暦は後世、ユリウス暦と呼ばれるようになり、ローマ帝国の版図《はんと》拡大とあいまってヨーロッパにひろがりました。ローマの国教となったキリスト教が使用していたのもユリウス暦でした。

しかしユリウス暦は一年を三六五日六時間としていたため、実際より一一分ほど長く、次第《しだい》に誤差《ごさ》が拡大していきました。一六世紀の後半には一〇日もずれが生《しょう》じ、キリスト教の最も重要な祭日である復活祭（イースターとも呼ばれるキリストが復活したとされる日）と暦が合わなくなってきました。というのも、復活祭は春分のあとの最初の満月の次の日曜日と定められていたからです。ついに一五八二年、教皇グレゴリオ一三世は改暦《かいれき》委員会の報告書を受けて改暦に踏みきりました。これが現在、わたしたちが使用しているグレゴリオ暦です。改暦のポイントは二つです。ひとつは一五八二年一〇月四日の翌日を一〇月一五日としたことです。これにより一〇日間が暦の上から消えました。もうひとつは二月二九日という閏日を入れる年を四〇〇年間で三日はずしました。ふつう閏年《うるうどし》は四年に一度きますが、一〇〇で割り切れても四〇〇で割り切れない年は閏年にしないという規定をもうけたのです。つまり、一七〇〇年、一八〇〇年、一九〇〇年は閏年にはせず、一六〇〇年と二〇〇〇年は閏年とするという取り決めです。

東方正教会の暦

グレゴリオ暦を率先《そっせん》して受け入れたイタリア、フランス、スペイン、ポルトガルなどのカトリック諸国に対し、カトリックに反抗して宗教改革を断行《だんこう》したプロテスタントの国々ではあいかわらずユリウス暦を使っていました。ギリシア正教をのぞくヨーロッパの国々とその植民地がグレゴリオ暦を採用するようになったのは一八世紀です。一七〇〇年になってドイツとデンマークのプロテスタントは一〇日間の削除《さくじょ》とグレゴリオ暦の修正をほぼ受け入れ、一七七五年にようやくプロテスタント式の復活祭がのる暦を廃《はい》しました。イギリスとその植民地であるアメリカは一七五一年にようやくグレゴリオ暦拒否《きよひ》の姿勢《しせい》をくずしたのです。

ギリシア正教《せいきよう》をはじめセルビア正教やロシア正教などをふくめた東方正教会はそれでもユリウス暦を維持《いじ》しつづけました。それほどに一一世紀以来のカトリック教会（西方教会）との分離・対立の溝《みぞ》は深かったのです。東方正教会が改暦にのりだすのは二〇世紀になって、それも第一次世界大戦の終了を待ってからでした。一九一七年、ロシアで革命が起き、ソ連が樹立《じゆりつ》されるにいたって、国として一九一八年からグレゴリオ暦への改暦がなされました。

しかし、ロシア正教会は復活祭やクリスマスの日にちを今でもユリウス暦で守りつづけています。他方、ギリシア、ルーマニア、ブルガリアやポーランドなどの正教会は部分的にグレゴリオ暦を採用していますし、フィンランドの正教会は完全に西暦に切り替えています。このように、東方正教会では個々の独立性が高いことが、暦の点からも確認できるのです。

ロシア正教のカレンダーはサンクト・ペテルブルグ大学に留学していた方からいただい

たものです。クリスマスはいつも一月七日と決まっていますが、移動祝日である復活祭は二〇〇四年の場合、五月一日です。メーデーとイースターが重なっているではないですか。その日のロシアはどういう祝いかたをしたのでしょうか。

ルーマニア正教のカレンダーは勤務先の同僚《どうりよう》が収集していました。そこには獣《けもの》の肉の摂取《せつしゆ》を禁止する精進《しようじん》の時期と、結婚式を避《さ》ける時期が記載《きさい》されています。前者は、復活祭の前、ペテロとパウロの日の前、聖母《せいぼ》被昇天《ひしようてん》の日（聖母マリアが肉体も霊魂《れいこん》も天に上げられた日）の前、クリスマスの前となっています。後者は水曜日（ユダの裏切りの日）と金曜日（キリストが十字架《じゆうじか》にかけられた日）、精進の時期、ならびにクリスマス（イエスが誕生した一二月二五日）から公現祭《こうげんさい》（イエスが東方三博士の訪問をうけた一月六日）にかけての時期です。結婚式はクリスマスやイースターを避け、週のうち二日が不適切な日となっています。

二〇〇五年にその同僚と一緒にボスニア・ヘルツェゴビナのサラエボをたずねてみました。カレンダーの収集もかねて、中心街のとあるセルビア正教会を訪問しました。入手した手帳型のカレンダーはセルビアのベオグラードで発行されたものでした。水曜日と金曜日が精進の日であることなど、共通点も多いのですが、独特の記念日もありました。たとえば、六月二八日ですが、一三八九年、コソボ平原でセルビアを中心とするバルカン連合

ロシア正教のカレンダー
クリスマスはいつも１月７日に決まっています。モノクロでわかりにくいですが、７日は８日（土）と９日（日）と同じく、色が変わっています。

軍がムラト一世率《ひき》いるオスマン・トルコ軍と戦い、ムラト王を殺害したものの敗北《はいぼく》を喫《きっ》し、ほどなくオスマン・トルコの支配下に入ったという屈辱《くつじょく》の日でもあります。この日にはいまでも教会で戦死者の名前を読みあげるといいます。キリスト教とイスラームの文明的勢力争《あらそ》いが暦に刻《きざ》まれている一例でもあります。

日本の東方正教会

数年前、復活祭の行事にあわせて東京の御茶の水のニコライ堂にはじめて足を運んでみました。ニコライ堂は一八六〇年に来日《らいにち》し、ロシア正教を伝えた聖ニコライにちなんで、その名がつけられています。一九八三年には重要文化財に指定され、一九九二年から九年間にわたり修復工事がなされた威風堂々《いふうどうどう》の建物です。訪問日はカトリックやプロテスタントの復活祭とくらべると、一週間遅れの日曜日でした。教会堂に入ってまず気づいたことはイスが並べられていないことでした。壁際《かべぎわ》のつくり付けのベンチをのぞき、座る場所がないのです。礼拝《れいはい》は基本的に立っておこなわれるようです。また、祭壇《さいだん》に相当するところにはさらに奥まった部屋があり、司祭《しさい》はそこでミサをおこなっていました。その姿は垣間《かいま》見えるだけで、神秘的な雰囲気《ふんいき》が伝わってきました。礼拝に集っている人には日本人よりも外国人の姿が目立っていました。贈り物なのか、捧《ささ》げ物なのか、イースターの彩色《さいしょく》がほどこされた卵がテーブルに並んでいました。ほんのわずか立ち寄っただけでしたが、プロテスタント教会はおろか、カトリック教会よりも荘厳《そうごん》で厳粛《げんしゅく》な雰囲気がただよっているように感じられました。

函館《はこだて》ハリストス正教会もニコライ堂とならんで有名です。やはり重要文化財に指定されています。そこで発行しているカレンダーとその情報は先の同僚を通じて入手《にゅうしゅ》することができました。復活祭はユリウス暦にしたがっていますが、本来なら一月七日にあたるクリスマスは一二月二五日におこなわれています。教会近くの極東大学から通うロシア人教師たちには不評《ふひょう》のようですが、日本的な変容がなされています。クリスマスは一般社会同様、正月の前にこなくては何かと不便なのでしょうか。

このようにユリウス暦は現役《げんえき》の暦法《れきほう》です。グレゴリオ暦にその道を譲《ゆず》ったかに見えますが、しぶとく儀礼には受け継《つ》がれています。閏日挿入《うるうびそうにゅう》の特権をふりまわした古代ローマの聖職者のように、宗教が暦法の最終的権威《けんい》となっている例はめずらしくありません。それに対抗《たいこう》するのが政治権力であり、世俗勢力《せぞくせいりょく》です。暦法の歴史には支配の文明史を読み解《と》く鍵《かぎ》があちこちにあります。

もうひとつ、グレゴリオ暦の普及《ふきゅう》から見えてくる民族の問題があります。グレゴリオ暦はラテン諸国でまず普及し、プロテスタントになったゲルマンやアングロサクソンの国々では、一〜二世紀遅れて採用されていきました。東方正教会のスラヴ諸国への伝播《でんぱ》はさらに時間がかかりました。宗教や宗派の問題の根底には民族のちがいがわだかまりとして残っているのです。

現在、暦の世界のスタンダードになりつつあるグレゴリオ暦の基本はキリスト生誕《せいたん》以前のユリウス暦にあります。独裁的権力をふるって果敢《かかん》に改暦を断行したシーザーに七月をプレゼントした元老院《げんろういん》のおかげで、この時期になるとヨーロッパ人はローマ教皇庁《きょうこうちょう》をふくめシーザーを思い出しているにちがいありません。そして八月（August）になると、シーザーの養子《ようし》で初代のローマ皇帝となったアウグストゥスを……。七月と八月の月名はスラヴ系のロシアも同じで、民族のちがいをこえて共通しています。

イスラーム暦

つぎにイスラーム暦です。

世界で一三億とも一四億ともいわれる人びとが使っている暦です。これは純粋《じゅんすい》な太陰暦《たいいんれき》です。ということは、ひと月は二九日か三〇日で、一年一二ヶ月はふつう三五四日で、閏年《うるうどし》では三五五日となります。西暦より一年は一一日ほど短く、どんどん繰《く》り上がっていきます。以下に月名と日数をあげておきます。

一月　ムハッラム（三〇日）
二月　サファル（二九日）
三月　ラビーウルアッワル（三〇日）
四月　ラビーウッサーニー（二九日）
五月　ジュマーダルウーラー（三〇日）
六月　ジュマーダルアーヒラ（二九日）
七月　ラジャブ（三〇日）

八月　シャーバーン（二九日）
九月　ラマダーン（三〇日）
一〇月　シャッワール（二九日）
一一月　ズールカーダ（三〇日）
一二月　ズールヒッジャ（二九日）

たとえばラマダーンと呼ばれる断食月《だんじきづき》は第九番目の月ですが、同じ季節にめぐってくるわけではありません。冬のときもあれば、夏にかかるときもあるわけです。断食は日の出から日の入りまでおこなわれますので、日の短い冬のほうが楽ということになります。逆に、夏至《げし》の頃の断食となると、つらさも増加します。二〇一五年のラマダーンはその時期にあたっています。

イスラーム暦はヒジュラ暦ともいわれます。というのも、ヒジュラを紀元《きげん》の年としているからです。ヒジュラとはイスラームの開祖《かいそ》ムハンマドがメッカをのがれてメディナに移住した「聖遷《せいせん》」を意味しています。これは西暦の六二二年にあたります。日本ではちょうど聖徳太子《しょうとくたいし》が亡《な》くなった年です。唯一神《ゆいいっしん》アッラーの啓示《けいじ》をうけたムハンマドは実直《じっちょく》にその

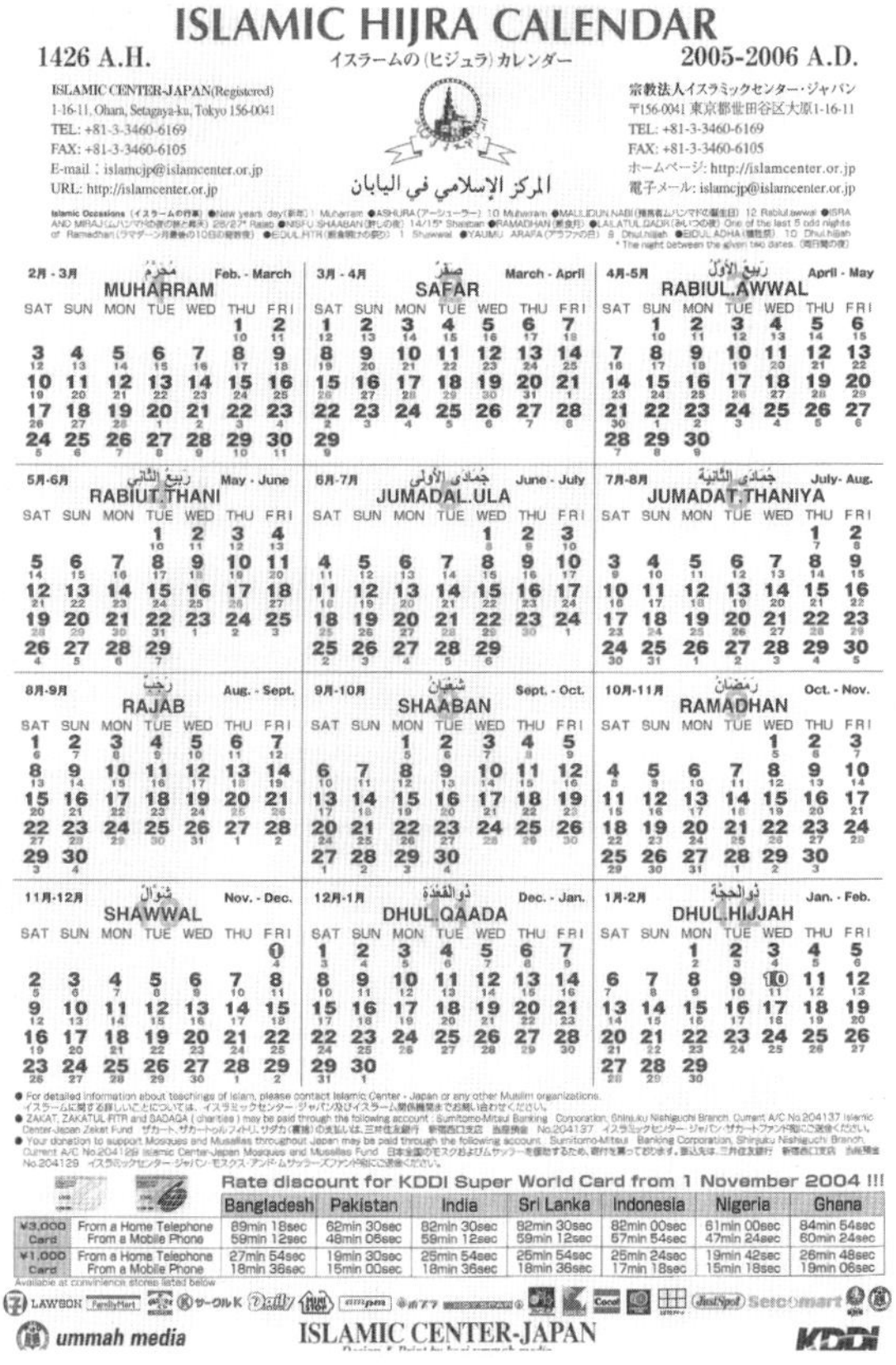

イスラミックセンター・ジャパン発行のカレンダー
1年は354日で、西暦が小さくのっています。

教えをメッカの人びとに伝えましたが、多神教《たしんきょう》を信じる人びとから迫害をうけ、信者とともにメッカから北方約二〇〇キロの町メディナにのがれました。その年がイスラーム教徒にとっての記念すべき紀元です。その後、ムハンマドは軍事指揮官《しきかん》としてメッカ軍と戦い、戦功《せんこう》を立て、勝利ののちカーバ神殿に入り、多数の偶像《ぐうぞう》を破壊したと伝えられています。しかし、ムハンマドの活動の拠点《きょてん》はメディナのままで、彼はまもなくそこで没《ぼっ》しました。

イスラーム暦にとって重要な九日の節日《せつじつ》、記念日は次のとおりです。

元旦　ムハッラム月一日
アーシューラー　ムハッラム月一〇日
ムハンマド生誕日（マウリドンナビー）　ラビーウルアッワル月一二日
夜の旅と昇天（イスラー・ワ・ミーラージュ）　ラジャブ月二六日
ゆるしの夜（ライラトルバラア）　シャーバーン月一四日
断食月第一日目　ラマダーン月一日
ライラトルカドル（クルアーンが下った日）　ラマダーン月二六日
断食明けの祭（イードルフィトル）　シャッワール月一日

犠牲祭《ぎせいさい》（イードルアドハー）　ズールヒッジャ月一〇日

イラン暦

イスラーム暦は太陰暦ですが、イスラーム圏《けん》でも太陽暦が優位《ゆうい》なところがあります。たとえばイランです。イランは西暦一一世紀以来、太陽暦（ジャラリー暦）を採用しており、春分の日が新年です。

イランのカレンダーを見ますと、イラン太陽暦、イスラーム暦、それに西暦が記載《きさい》されています。カレンダーの上段がイラン暦、中段が西暦、下段がイスラーム暦です。ノールーズ（新しい日）と呼ばれるイラン独特の正月は盛大なお祝いとなります。七草ならぬ七つの品（ハフテ・シーン）を飾り、生まれ変わりや愛、恋、健康、長寿《ちょうじゅ》、忍耐《にんたい》などを祈願《きがん》します。正月の前には墓参りに行く人も多く、ゾロアスター教時代の伝統が脈々《みゃくみゃく》と続いています。正月には親戚《しんせき》や隣人《りんじん》、友人たちを訪問しあうそうです。しかし、一九七八年のイラン・イスラーム革命、通称《つうしょう》ホメイニ革命の直後、ノールーズはあまりおおっぴらに祝うことはできませんでした。イスラームの建前《たてまえ》が、イランの伝統に優先したのです。実は、ホメイニ革命によって倒されたパーレビ国王の時代、古代アケメネス朝ペルシアのキュロス王即位《そくい》の年を紀元とする暦法を採用していたことがあります。しかし革命によって一年半たらずでそれは廃止されました。いまでは官庁はイラン暦を採用し、宗教行事はイスラーム暦で、西暦は外国人がもっぱら使用しています。ちなみに、イラン暦は中央アジアやアフガニスタンでもひろく使われています。イスラーム以前のイラン文化圏のひろがりを示しているといえるでしょう。

ヒンドゥー暦

それから、インドの暦、つまりヒンドゥー暦と総称《そうしょう》される暦も多くの人びとに使用されています。しかも暦法は地方ごと、言語集団ごとに異なり、複雑きわまりない様相《ようそう》を呈《てい》しています。とはいえ、基本は太陰太陽暦で、ひと月は太陰暦、一年は太陽暦にもとづいています。ところが、そのひと月は月が満ちていく白分《はくぶん》と月が細く暗くなっていく黒分《こくぶん》とに分かれます。その数えかたには二とおりあって、新月《しんげつ》から新月をひと月とする方式（アマーンタ法）と、満月から満月をひと月とする方式（プールニマーンタ法）があり、そのた

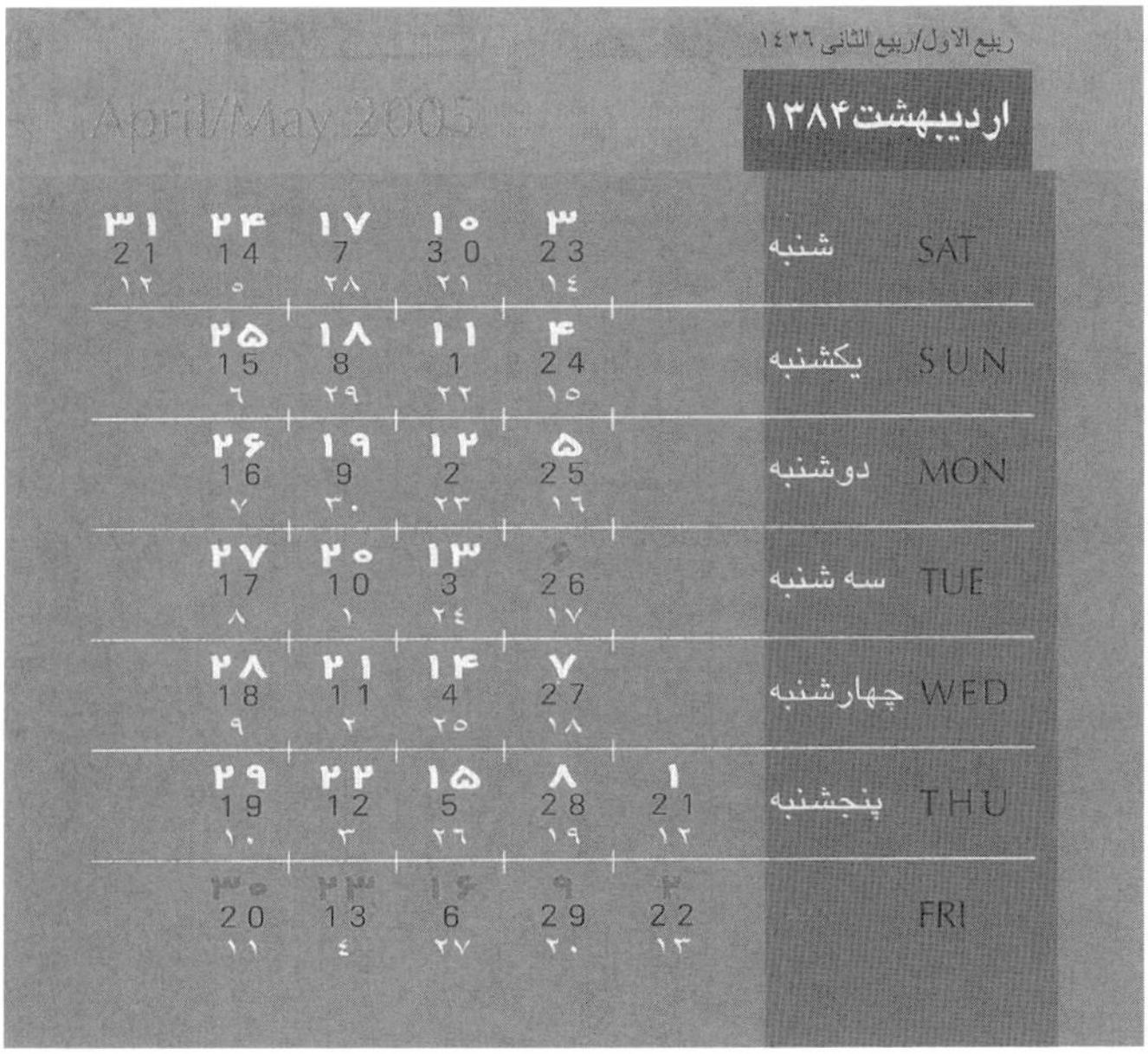

イランのカレンダー
上段がイラン暦、中段が西暦、そして下段がイスラーム暦です。
3月21日がイラン暦の元旦です。

め、同じ月名でも白分のときは一致《いっち》するのですが、黒分のときには呼びかたがひと月ずれてしまいます。しかも地方によって採用する方式が異なっているのです。

他方、一年の数えかたは、太陽暦ではあっても厳密《げんみつ》には恒星暦《こうせいれき》とも呼ぶべきものであり、恒星の白羊宮《はくようきゅう》（おひつじ座）に太陽が入った時点から新年がはじまるのです。そして太陽の黄道《こうどう》一二宮《きゅう》（地球から見たときの太陽の「通り道」である黄道を一二宮に分割したもの）にそって一二ヶ月が決まっていきます。白羊宮の恒星年はグレゴリオ暦の太陽年より約二〇分長く、新年はいまでは西暦の四月一二日か一三日ごろにおとずれます。また黄道一二宮に太陽が入っている期間をひと月とする暦法もあり、欠日《けつじつ》、余日《よじつ》（あるいは重日《じゅうじつ》）などをもうけ、一ヶ月を二九日から三二日の幅で定めるような複雑なシステムがいまでも使われています。

よい日、悪い日

カレンダーは日付を知るためだけでなく、むしろ日の吉凶《きっきょう》を判断するために使われることがあります。旅立ちによい日とか、引っ越しには悪い日とか、方角を変えて出発する、

インドのカレンダー

西暦2003年1月はヴィクラマ暦の2059年にあたりますが、後者の1月に対応していないばかりか、後者には年の数えかたに「満」と「数え」のちがいもあります。[口絵1参照]

いわゆる方違《かたたが》えをしなくてはいけない日とか、陰陽道《おんみようどう》などがうるさく言ってきた伝統があります。本書の冒頭で述べた「日読《か》み」や「日知り」はこの慣習に深くかかわってきたのです。いまでも、「お日柄もよく」と結婚式などで挨拶《あいさつ》の言葉として使われるように、悪い日を避ける風習が残っています。そうした日の吉凶をはじめ、盛りだくさんの情報がのっているカレンダーが、ひと昔前までは主流を占《し》めていました。そこで、最近はめっきり減ったタイプのカレンダーを紹介しましょう。

二〇〇五年一月は平成《へいせい》一七年ですが、皇紀《こうき》（神武《じんむ》天皇の即位日を紀元とする紀年法）では二六六五年、昭和《しょうわ》以来八〇年、大正《たいしょう》以来九四年とあります［口絵4参照］。西暦の日付の右側には九星《きゅうせい》（吉凶の判断に使われる九つの星。一から九までの数字に、白・黒・碧《あお》・緑・黄・赤・紫の七色と木・火・土・金・水の五行《ぎょう》を配したもの）と六曜を、左側には旧暦と十二支《し》を配しています。曜日の余白《よはく》には日ごとに行事や記念日をこまかくリストアップしています。四日は官庁御用始《ごようはじ》めで、一七日は阪神大震災記念日で、同時に防災とボランティアの日であることがわかります。小寒《しょうかん》や大寒《だいかん》といった二十四節気《にじゅうしせっき》も満月もここにのっています。しかし、潮《しお》の干満《かんまん》については記載《きさい》がありません。干支《えと》も十二支だけで、十干《じっかん》は除外されています。おそらく大安、仏滅、友引がわかる六曜だけで十分だと思ったのでしょう。

なお、忌《い》み日《び》はキリスト教にもあって、カトリックではキリストが磔《はりつけ》にされた日とされる金曜日に獣《けもの》の肉を食べない習慣があります。また四旬節《しじゅんせつ》、つまり復活祭の前の四〇日間も、肉を断《た》ちます。そのかわり、と言ってはしかられそうですが、四旬節の前にはカーニバルという飽食《ほうしょく》に明け暮れる祭りがもうけられています。

東方正教、たとえばルーマニアのカレンダーの忌み日については先に見たとおりです。そこでは、一年のほぼ三分の二は結婚式にふさわしくない日とされています。

インドネシアのスマトラ島中部のトバ湖周辺に住むバタックの人びとは竹で一年三六〇日のカレンダーを作ってきました。竹筒の容器に刻《きざ》んだものもあれば、一二本の竹棒を吊《つる》したものもあります。いまでは観光土産品《みやげひん》として、ひろく出回るようになりました。サソリが彫《ほ》ってある日は毎月一回めぐってきますが、儀式を避ける日として忌《い》まれる一方、網《あみ》の目の日は漁に適した日とされています。忌《い》む日があれば、事をなすのにふさわしい日もあるのです。

タイやミャンマーでは生まれたときの曜日が大事です。名前を聞けば、だいたい何曜日は火曜日は虎《とら》、月曜日によって、ミャンマーでは曜日によって、月曜日は虎《とら》、火曜日は獅子《しし》といった具合《ぐあい》に、守護《しゅご》する動物（神）もちがっています。タイでもプミポン国王の生まれた月曜日が黄色なので、黄色の旗やシャツがお祝いなどに使われるのをご存じのかたもいるでしょう。

日の吉凶《きっきょう》にかかわる事例は枚挙《まいきょ》に暇《いとま》がありません。しかし、宗教的な観念や規制にあまり左右《さゆう》されなくなった社会では、吉凶にわずらわされることなく日常生活をおくるようになります。労働をする週日と記念行事や休養・娯楽《ごらく》にあてる祝祭日の判別さえつけば事たれりとするカレンダーが普及《ふきゅう》しています。注釈《ちゅうしゃく》つきの暦が意味を失い、わずらわしい慣習が姿を消していきます。曜日と日付だけのカレンダーも登場しています。あるいはポスターに日付がわずかに添《そ》えられているようなものも見受けられるようになります。そこまでいかなくても、日付とは関係のない情報がいろいろくわえられていきます。それがカレンダーに彩りと味わいを添えることにもつながっています。

バタックの竹筒カレンダー
上から下の１行30日がひと月です。
月は右から左に12ヶ月あります。

情報媒体としてのカレンダー

カレンダーに時代の風俗や趣向《しゅこう》が反映されていることもすくなくありません。政治的な宣伝（プロパガンダ）や宗教的なメッセージが発信される場合もあります。絵画や写真は心を和《なご》ませてくれます。洋の東西を問わず、カレンダーはそうした情報媒体としての機能を担《にな》っています。これは、これまであまり注目されてこなかった側面ですが、カレンダーを通して世界を読み解こうとするさいには重要な要素となります。

さまざまな機能を代表的なジャンルに分けてみましょう。

・宣伝、広告
・生活便利帳
・写真、絵画
・聖典、処世訓《しょせいくん》
・情報未記入、非記入

それぞれのジャンルにふさわしいカレンダーを具体的にとりあげて説明してみましょう。

フィリピンの選挙カレンダー（四二ページ図版）

フィリピンで実施《じっし》された一九九八年の大統領選挙のさい、ロベルト・パダンガナン候補《こうほ》の選挙キャンペーン用カレンダーをマニラのモスクの門前町《もんぜんまち》で入手しました。同候補はルソン島北部のブラカン州の知事で、フィリピン・ボーイスカウト団体の会長を務《つと》める人物ですが、イスラーム教徒ではありません。フィリピンのイスラーム教徒はミンダナオ州など南部に多く、首都マニラにも移住してきています。そうした人びとの票をあてこんで、選挙期間の四ヶ月分だけイスラーム暦が掲載《けいさい》されています。上段の四つの枠がそれであり、ラマダーン月からズールヒッジャ月までの四ヶ月がのっています。西暦では一九九七年一二月から一九九八年三月にかけての期間です。

オランダのイタリアン・レストラン兼ピザ屋のカレンダー（四三ページ図版）

アモレミオというイタリアン・レストラン兼ピザ屋が発行した一枚物のカレンダー。その広告から宅配をしていることがわかります。日付はシンプルですが、行事日や祝日が

フィリピンの選挙カレンダー

オランダのレストラン「アモレミオ」のカレンダー

掲載されていて、これが注意をひきます。それは三つに分類され、それぞれ一般的（キリスト教）、イスラーム教、ヒンドゥー教としてリストアップされています。一般的な祝日は新年、バレンタインデー、聖金曜日、復活祭（二日）、女王誕生日、戦没者記念日《せんぼつしゃ》、ナチスからの解放記念日、キリスト昇天祭、ペンテコステ（聖霊降臨祭《せいれいこうりんさい》、二日）、クリスマス（二日）、それに母の日や父の日を含めて一四件がのっています。

イスラームでは先述《せんじゅつ》のとおり新年のムハッラムや断食のラマダーンなど九日の祝日が数えられています。

これに対し、ヒンドゥーの祝日は二七もリストアップされています。

一月一四日　マカラ・サンクランディ（太陽軌道が北側に入る日）
二月六日　バサント　パンチャミ（サラスワティ女神祭）
二月一五日　マーグ・スナン（マーグ月沐浴祭）
三月一日　マハー・シヴラートリ（シヴァの夜、シヴァ神祭）
三月十七日　ホーリー・カ・ダハン（ホーリー前夜祭）
三月一八日　ホーリー・ファグア（春の祭り、色の祭り）

四月二日～一二日　ナウラートリ（初夏の女神［シャクティ］祭）
四月一一日　ラームナワミ（ラーマ生誕祭）
四月一六日　ハヌマーン・ジャヤンティ（ハヌマーン生誕祭）
五月一一日　ブッダ・ジャヤンティ（ブッダ生誕祭）
六月一一日　ガンガー・ダサーラー（ガンジス川祭）
六月一二日　ニルジェラ・エーカダシー（ニルジャラ［ビーマー］一一日祭）
六月一三日　グル・プールニマー（師への感謝祭）
八月二日　ナーガ・パンチャミ（ナーガ蛇神祭）
八月一一日　ラークシャ・バンダーン（兄弟―姉妹祭）
八月一九日　クリシュナー・ジャナムアシュタミ（クリシュナー生誕祭）
九月二日　ガネーシャ・チャドゥルッティ（ガネーシャ生誕祭）
九月一一日～二七日　ピトリ・プージャー（祖先祭）
九月二七日～一〇月五日　ナウラートリ（初冬の女神［シャクティ］祭）
一〇月二日　サラスワティ・プージャー（サラスワティ女神祭）
一〇月七日　ウィジャヤ・ダシュミ［ダサーラー］

（勝利祭［ドゥルガー女神の勝利、ラーマの勝利など地域により異なる］）

一〇月二四日　ナールカ・チャトルダシー
（クリシュナー神祭［クリシュナーのナールカ鬼退治にちなむ］）

一〇月二五日　ディーワリー＝マハー・ラクシュミー・プージャー
（光の祭り＝ラクシュミー女神祭）

一〇月二六日　ゴーウェルダーン・プージャー
（クリシュナー祭［クリシュナーがゴーウェルダーン山を持ち上げた故事にちなむ］）

一〇月二七日　ヤマ・ドウィティィヤ（兄弟－姉妹祭）

一一月八日　ガンガー・ナハン（ガンガー沐浴祭）

一二月四日　ギーター・ジャヤンティ（『バガヴァッド・ギーター』誕生祭）

ハヌマーン（猿）やガネーシャ（象）などの神やブッダ（仏陀）、クリシュナー、サラスワティ（弁天）、ラクシュミー（吉祥天《きつしよう》）などの祝日も見えます。総計すると五〇もの祝祭の機会があり、それぞれがレストラン兼ピザ屋にとってはおおいに注文を期待できる日付となっています。ただし、疑問も残ります。というのは、一二月六日にサンタクロースの原型ともいえるセント・ニコラスの日があり、子どもたちにプレゼントをする習慣があるにもかかわらず、それはなぜかのっていないからです。

以上のことから、オランダにはトルコ人をはじめとするイスラームの人びとにくわえ、近年ではインドからの労働者が増えていることが予想されます。しかし、写真はバナナの房《ふさ》と花で、熱帯のフルーツがなぜ選ばれたのでしょうか。オランダの旧植民地としては熱帯に位置するインドネシアが有名ですが、そこは九〇パーセントがイスラーム教徒で占《し》められているとはいえ、バリ島はヒンドゥー教の伝統が強いところです。そうしたことと何か関係しているのか、と推測はつづきます。いずれにしろ、オランダが多民族的な人口構成をとっていることが予想されます。オランダ大使館の公式ホームページによると、オランダの人口のうち約六パーセントがイスラーム教徒で、ヒンドゥー教徒は約一パーセントだそうです。こうしたことを考慮《こうりょ》すると、アモレミオでは牛肉や豚肉に配慮したメニュー構成をとっていることが想定されます。

フランスの郵便局が頒布《はんぷ》するカレンダー（六三ページ図版）

一九世紀から発行されているもので、日ごとの聖人名が記されているだけでなく、地図、電話市外局番、地下鉄路線図など便利な情報がのっていて、電話や冷蔵庫の近くにおかれることが多いそうです。ちなみに、聖人名と同じ名前をもつ人はその聖人の日にプレゼントをもらう風習があります。しかも、一九七〇年ごろを境にロシア系、ケルト系、アラブ系などの名前がくわえられるようになりました。それは外国人の増加に対応した宥和《ゆうわ》的《てき》な措置《そち》であると考えられています。

在日ブラジル人向けのカレンダー（四九ページ図版）

引っ越し業務の運送業者スーザンが発行したもので、自社の本社・支店の写真にくわえ、日本の県別地図、電話番号がのっています。電話番号のリストには警察や消防などの緊急連絡先、空港、ブラジルの大使館・領事館、病院、健康相談など、すべてポルトガル語で掲載され、日本の生活に慣れていないブラジル人にとってはたしかに便利です。

在日ブラジル人向けの引っ越し業者のカレンダー

中国のイスラーム・カレンダー

イスラーム・カレンダーには写真や絵画の素材に制約があります。偶像《ぐうぞう》を拝《おが》んではならないというきびしい掟《おきて》があるために、人物像の絵画やイラストは避けられています。そのためメッカのカーバ神殿や世界各地のモスクが好んでとりあげられています。

日本の外務省が海外で頒布《はんぷ》するカレンダー（五一ページ図版）

外務省は年末になると在外公館を通じてお世話になった関係者に一二枚物のカレンダーを配ります。写真は生《い》け花ときまっています。華道《かどう》は日本の代表的な国民文化だからです。もし外務省が漫画やアニメを採用することになったら、画期的《かっきてき》なことです。なぜなら、それは新聞・雑誌やテレビが育てた大衆文化で、政府の関与のうすい分野だからです。ちなみに、日本の外務省にならって、ケニア政府はアフリカの花をもちいた生け花カレンダーを同じスタイルで発行しています。

ドイツのイスラーム手帳

手帳の各ページにコーランの聖句が印刷されているので、トイレのような不浄《ふじょう》なところ

日本の外務省が配るカレンダー
写真は毎年、生け花と決まっています。赤丸のシールを自由に貼ることができます。

には持ち込むなと最初に注意事項が書かれています。メモ帳をポケットやバッグに入れている人はどうしているのでしょうか。

日系ブラジル人が発行した三猿のカレンダー（五三ページ図版）

浜松にあるブラジル人向けのスーパーが発行しているカレンダーです。二〇〇四年は申年《さるどし》だったので、オーナーは「見ざる、聞かざる、言わざる」の三猿にひっかけてポルトガル語で O primeiro passo para a felicidade é aprender a rir de si mesmo.「幸せへの第一歩は自分のことを笑える術《すべ》を覚えることである」と記しています。これはオーナー自身が考えだした処世訓です。

オーストリアのファミリー・カレンダー

家族の名前を最上段に記し、それぞれのスケジュールをメモにして記入するよう作られています。ヨーロッパやアメリカにはこの種のカレンダーがかなり普及しつつあります。最近は、日本でも見かけるようになりました。これも冷蔵庫や電話の周辺にかけられていると推測されます。

浜松にあるブラジル人向けのスーパーのカレンダー

サラエボのカレンダー（五五ページ図版）
ボスニア・ヘルツェゴビナの首都サラエボでは戦火にまみえた一九九〇年代の紛争後、イスラーム教徒、セルビア正教徒、カトリック教徒、あるいはユダヤ教徒たちが平和裡《り》に暮らすようになりましたが、国民の祝日はまだ正式に定められていません。そのため、一般のカレンダーには日曜日以外の祝祭日は表示されていません。これが宗教・宗派間の対立を避けるための知恵《ちえ》なのです。

歴史を記すカレンダー

中米《ちゅうべい》のマヤやアステカのカレンダーは日付を知るための暦ではありませんでした。それは歴史を記すためのものでした。マヤでは暦元《れきげん》（暦の紀元）を紀元前三一一四年九月六日に定め、それを基本にいくつもの周期の異なる暦を組み合わせて時を知る体系をつくりあげました。しかも、古代マヤ人は二〇進法など独特の算術をもちいていたので、複雑きわまりありません。そして数多くの石碑《せきひ》に誕生、即位、結婚、死亡、戦争などの日付を刻ん

ボスニア・ヘルツェゴビナのカレンダー

だのです。いま一部で話題になっているのは、現在の大周期の終わりが西暦二〇一二年一二月二一日（一説には二三日）にやってくることです。それが世の終末を意味するのか、それとも新しい創造の年となるのか、マヤ暦の未来予測に関心があつまっています。

そのマヤ暦と類似《るいじ》の暦をアステカももっていました。メキシコの国立人類学博物館に展示されている「アステカの暦石《こよみいし》」は一七九〇年に発見されました。そのレプリカが国立民族学博物館にも展示されています。これはアステカの世界観、宇宙観、暦法を知る貴重な資料です。中央に舌をだした顔がありますが、かつては太陽神といわれていましたが、怪物という説もあります。そのまわりに死滅した四つの時代が四角く刻まれています。あたかも怪物が舌をだして飲み込んでしまったかのようです。そして、その周囲の円環《えんかん》には二〇の絵文字と一三の数字を組み合わせた二六〇日の一年が彫《ほ》ってあります。しかし、直径四メートル近いこの巨大な暦石も日付を知るためのものではありません。

国立民族学博物館にはペルーの「アンデスの暦」も展示されています。一年一二ヶ月を代表する行事が左上上段から右に「東方の三博士（一月）」、「カーニバル（二月）」、「家畜《かちく》増殖《ぞうしょく》儀礼（三月）」、「イースター（四月）」、中段には「十字架《じゅうじか》の儀礼（五月）」、「サン・フアンの祭り（六月）」、「コンドル・ラチ（七月）」、「灌漑溝掃除《かんがいこうそうじ》の祭り（八月）」、下段には

アステカの暦石

「種まき（九月）」、「守護《しゅご》聖人《せいじん》サン・フランシスコの祭り（一〇月）」、「墓参り（一一月）」、「クリスマス（一二月）」という具合《ぐあい》に板絵《いたえ》に描かれています。とくに七月のコンドル・ラチとよばれるコンドルと牛と人間との闘牛《とうぎゅう》がいかにもアンデス的です。牛の背中に結《ゆ》わいつけられたコンドルが嘴《くちばし》でつついたため、血が流れています。しかし、これも月ごとの行事を示してはいますが、日付をあらわしたものではありません。

カレンダーは日付を知るためのものであるというところから出発しましたが、そうではないカレンダーも存在することがわかりました。また、世界にはさまざまな暦法が現存し、いまでも多くの人びとに使用されていることもおわかりいただけたかと思います。グレゴリオ暦が実質的なグローバル・スタンダードとして機能していることが、かならずしもそれ以外の暦法を排除するものではないことも理解していただいたかと思います。さらにカレンダーはメディアとしての機能もあわせもっていて、それがすくなからぬ意味をもっていることも分析《ぶんせき》してみました。世界が一筋縄《ひとすじなわ》ではないことを多種多様なカレンダーは如実《にょじつ》に物語っているのです。

アンデスの暦

column

ネームデー

ヨーロッパのカレンダーにはしばしば日付とともに名前がのっています。キリスト教の聖人名ですが、クリスチャン・ネーム（洗礼名）として一般に使われているものです。ですから、ヨーロッパの人は自分の名前がどの日にあたっているかを知っているはずなのです。そして聖人名（洗礼名）の日——英語のネームデー（name day）——には、誕生日とは別に祝ってもらえるのです。ささやかなプレゼントをもらうこともあれば、たんなる口頭の祝福におわることもありますが、ときには意表をついたお祝いになることもあるようです。

聖人には暦に名前を残す一流の聖人もいれば、修道院《しゅうどういん》で名前を読み上げられる程度の聖人もいます。聖人の亡《な》くなった日、場合によっては殉教《じゅんきょう》した日が記念日となっています。ローマ法王庁が暦のうえで聖人の統一をはからなかったので、地方によって、あるいは修道会によって、採用する名前はまちまちでした。それが今日にも引き継《つ》がれています。たとえば、カレンダーを比較してみると、一月五日はフランスでは聖エドゥアール、ポ

April 2007

	Vägen till korset. GT Sak 2:10–13. Ep Fil 2:5–11.
1 S	**Palmsöndagen** Harald Hervor Ev Joh 12:1–16.
2 M	Gudmund Ingemund v 14
3 T	Ferdinand Nanna
4 O	Marianne Marlene
	Det nya förbundet. GT Jer 31:31–34. Ep Heb 10:12–18.
5 T	Irene Irja Ev Joh 13:1–17.
	Korset. GT Jes 53:1–12. Ep Heb 10:19–25. Ev Joh 19:17–37.
6 F	**Långfredagen**
	Vilhelm Helmi
	Genom död till liv. GT Job 19:25–27. Ep Ef 2:1–6.
7 L	Irma Irmelin Ev Joh 20:1–10.
	Kristus är uppstånden. GT Jon 2:1–11. Ep Apg 13:32–37.
8 S	**Påskdagen** Ev Joh 20:1–18.
	Nadja Tanja
	Möte med den uppståndne. GT 5 Mos 18:15–18.
9 M	**Annandag påsk** Ep Kol 3:1–4. Ev Luk 24:36–49.
	Otto Ottilia v 15
10 T	Ingvar Ingvor
11 O	Ulf Ylva
12 T	Liv
13 F	Artur Douglas
14 L	Tiburtius
	Påskens vittnen. GT Jer 18:1–6. Ep 1 Joh 5:1–5.
15 S	**2 i påsktiden** Olivia Oliver Ev Joh 21:15–19.
16 M	Patrik Patricia v 16
17 T	Elias Elis
18 O	Valdemar Volmar
19 T	Olaus Ola
20 F	Amalia Amelie
21 L	Anneli Annika
	Den gode herden. GT Hes 34:23–31. Ep Heb 13:20–21.
22 S	**3 i påsktiden** Allan Glenn Ev Joh 10:11–16.
23 M	Georg Göran v 17
24 T	Vega
25 O	Markus
26 T	Teresia Terese
27 F	Engelbrekt
28 L	Ture Tyra
	Vägen till livet. GT Syr 28:3–7. Ep 2 Kor 4:16–18.
29 S	**4 i påsktiden** Tyko Ev Joh 14:1–14.
30 M	Mariana v 18

Planeterna

	1 Apr Upp	1 Apr Ned	15 Apr Upp	15 Apr Ned
Lunds horisont				
Ven	7.31	23.28	7.06	0.14
Mar	5.47	15.04	5.09	15.14
Jup	2.09	9.23	1.14	8.28
Sat	14.07	5.44	13.10	4.48
Göteborgs horisont				
Ven	7.26	23.43	6.56	0.34
Mar	5.59	15.02	5.19	15.14
Jup	2.28	9.15	1.32	8.19
Sat	14.02	5.58	13.05	5.03
Stockholms horisont				
Ven	6.52	23.28	6.17	0.24
Mar	5.41	14.32	4.59	14.46
Jup	2.16	8.38	1.21	7.42
Sat	13.29	5.42	12.33	4.47
Östersunds horisont				
Ven	6.38	0.05	5.46	1.22
Mar	6.12	14.28	5.24	14.47
Jup	3.09	8.12	2.13	7.17
Sat	13.18	6.21	12.21	5.25
Luleås horisont				
Ven	5.45	–	4.28	1.40
Mar	5.56	13.43	5.04	14.08
Jup	3.17	7.04	2.21	6.09
Sat	12.28	6.11	11.31	5.16
Kirunas horisont				
Ven	5.22	0.36	över horis	
Mar	6.21	13.34	5.23	14.05
Jup	4.33	6.04	3.36	5.09
Sat	12.10	6.45	11.12	5.50

2 ○ 19.15
10 ◑ 20.04
17 ● 13.36
24 ◐ 8.35

スウェーデンの暦
日付の横には曜日とともに名前がのっています。

column

ルトガルでは聖テレスフォロ、メキシコでは聖女アメリア、フィリピンでは聖ジョン・ノイマンといった具合です。もちろん、二月一四日は聖バレンタインというように、あまねく共通する日もすくなくありません。むしろ、そのほうが大多数を占《し》めているのですが、われわれの関心はどうしてもバリエーションのほうに向かいます。

その聖人の日に、近年では、聖人とは無縁《むえん》の名前も取り込まれるようになっています。フィンランドなどの北欧ではルター派の存在が大きく、カトリックの伝統が弱いこともあってか、なかば公認の状態になっているようです。カトリックが依然《いぜん》強いフランスにおいても一九七〇年ごろを境に大きな変化が見られるようになりました。

たとえばアラブ系の名前であるラリッサとジタはそれぞれ三月二六日と四月二七日に名を連《つら》ねるようになりました。これはフランスの旧植民地のアルジェリアなどからアラブ系住民がフランスに越境してきたことと深い関係があります。

アラブ系だけではありません。スラヴ系のボリスやライサはそれぞれ五月二日と九月五日に見えますし、ドイツ系のウルリッヒ（七月一〇日）やスコットランド系のドナルド（七月一五日）の名もくわわっています。ちなみにドナルドの日はかつてアンリがしめていました。アンリ（英語ではヘンリー）は、ドナルドに座をゆずり、七月一三日に繰り上がっ

Janvier	Février	Mars	Avril	Mai	Juin
Les jours augmentent de 1h 07	Les jours augmentent de 1h 34	Les jours augmentent de 1h 51	Les jours augmentent de 1h 44	Les jours augmentent de 1h 18	Les jours augmentent de 0h 13
1 M JOUR DE L'AN	1 V Ella	1 V Aubin	1 L Hugues 14	1 M F. DU TRAVAIL	1 S Justin
2 M Basile 1	2 S Présentation	2 S Charles le Bon	2 M Sandrine	2 J Boris	2 D Blandine, F.-Dieu
3 J Geneviève	3 D Blaise	3 D Guénolé	3 M Richard	3 V Phil., Jacques	3 L Kévin 23
4 V Odilon	4 L Véronique 6	4 L Casimir 10	4 J Isidore	4 S Sylvain	4 M Clotilde
5 S Édouard	5 M Agathe	5 M Olive	5 V Irène	5 D Judith	5 M Igor
6 D Épiphanie	6 M Gaston	6 M Colette	6 S Marcellin	6 L Prudence 19	6 J Norbert
7 L Raymond 2	7 J Eugénie	7 J Félicité	7 D J.-B. de la Salle	7 M Gisèle	7 V Gilbert, S.-C.
8 M Lucien	8 V Jacqueline	8 V Jean de Dieu	8 L Annonciation	8 M VICTOIRE 1945	8 S Médard
9 M Alix	9 S Apolline	9 S Françoise	9 M Gautier 15	9 J ASCENSION	9 D Diane
10 J Guillaume	10 D Arnaud	10 D 4e Dim. Carême	10 M Fulbert	10 V Solange	10 L Landry 24
11 V Paulin	11 L N.-D. de Lourdes	11 L Rosine 11	11 J Stanislas	11 S Estelle	11 M Barnabé
12 S Tatiana	12 M Mardi-Gras 7	12 M Justine	12 V Jules	12 D F. Jeanne d'Arc	12 M Guy
13 D Yvette,Bapt. S.	13 M Cendres	13 M Rodrigue	13 S Ida	13 L Rolande 20	13 J Ant. de Padoue
14 L Nina 3	14 J Valentin	14 J Mathilde	14 D Maxime	14 M Matthias	14 V Élisée
15 M Remi	15 V Claude	15 V Louise	15 L Paterne 16	15 M Denise	15 S Germaine
16 M Marcel	16 S Julienne	16 S Bénédicte	16 M Benoît-Joseph	16 J Honoré	16 D F. des Pères
17 J Roseline	17 D Carême	17 D Patrice	17 M Anicet	17 V Pascal	17 L Hervé 25
18 V Prisca	18 L Bernadette	18 L Cyrille 12	18 J Parfait	18 S Éric	18 M Léonce
19 S Marius	19 M Gabin 8	19 M Joseph	19 V Emma	19 D PENTECÔTE	19 M Romuald
20 D Sébastien	20 M Aimée Q.T.	20 M PRINTEMPS	20 S Odette	20 L Bernardin 21	20 J Silvère
21 L Agnès 4	21 J Pierre Damien	21 J Clémence	21 D Anselme	21 M Constantin	21 V ÉTÉ
22 M Vincent	22 V Isabelle	22 V Léa	22 L Alexandre 17	22 M Émile Q.T.	22 S Alban
23 M Barnard	23 S Lazare	23 S Victorien	23 M Georges	23 J Didier	23 D Audrey
24 J Fr. de Sales	24 D Modeste	24 D Rameaux	24 M Fidèle	24 V Donatien	24 L Jean-Baptiste
25 V Conv. de S. Paul	25 L Roméo 9	25 L Humbert 13	25 J Marc	25 S Sophie	25 M Prosper 26
26 S Paule	26 M Nestor	26 M Larissa	26 V Alida	26 D Trinité/F. des Mères	26 M Anthelme
27 D Angèle	27 M Honorine	27 M Habib	27 S Zita	27 L Augustin 22	27 J Fernand
28 L Th. d'Aquin 5	28 J Romain	28 J Gontran, J.S.	28 D Souv. Déportés	28 M Germain	28 V Irénée
29 M Gildas	Epacte XVI / Lettre dominicale F	29 V Gwladys, V.S.	29 L Cath. de Sienne	29 M Aymard	29 S Pierre, Paul
30 M Martine	Cycle solaire 23 / Nombre d'or 8	30 S Amédée, S.S.	30 M Robert 18	30 J Ferdinand	30 D Martial
31 J Marcelle	Indiction romaine 10	31 D PÂQUES	Lune Rousse du 12/04 au 11/05	31 V Visitation	

フランスのカレンダー
1 月から 6 月の名前がのっています。
下の図は 7 月から 12 月。

Juillet	Août	Septembre	Octobre	Novembre	Décembre
Les jours diminuent de 1h	Les jours diminuent de 1h 40	Les jours diminuent de 1h 46	Les jours diminuent de 1h 47	Les jours diminuent de 1h 20	Les jours diminuent de 0h 13
1 L Thierry 27	1 J Alphonse	1 D Gilles	1 M Th. de l'E.J.	1 V TOUSSAINT	1 D Avent
2 M Martinien	2 V Julien Eymard	2 L Ingrid 36	2 M Léger	2 S Défunts	2 L Viviane 49
3 M Thomas	3 S Lydie	3 M Grégoire	3 J Gérard	3 D Hubert	3 M Xavier
4 J Florent	4 D J.-M. Vianney	4 M Rosalie	4 V Fr. d'Assise	4 L Charles 45	4 M Barbara
5 V Antoine	5 L Abel 32	5 J Raïssa	5 S Fleur	5 M Sylvie	5 J Gérald
6 S Mariette	6 M Transfiguration	6 V Bertrand	6 D Bruno	6 M Bertille	6 V Nicolas
7 D Raoul	7 M Gaétan	7 S Reine	7 L Serge 41	7 J Carine	7 S Ambroise
8 L Thibaut 28	8 J Dominique	8 D Nativité N.-D.	8 M Pélagie	8 V Geoffroy	8 D Elfried
9 M Amandine	9 V Amour	9 L Alain 37	9 M Denis	9 S Théodore	9 L Imm. Concept.
10 M Ulrich	10 S Laurent	10 M Inès	10 J Ghislain	10 D Léon	10 M Romaric 50
11 J Benoît	11 D Claire	11 M Adelphe	11 V Firmin	11 L ARMISTICE 1918	11 M Daniel
12 V Olivier	12 L Clarisse 33	12 J Apollinaire	12 S Wilfried	12 M Christian 46	12 J J.-F. de Chantal
13 S Henri, Joël	13 M Hippolyte	13 V Aimé	13 D Géraud	13 M Brice	13 V Lucie
14 D F. NATIONALE	14 M Évrard	14 S La Se Croix	14 L Juste 42	14 J Sidoine	14 S Odile
15 L Donald 29	15 J ASSOMPTION	15 D Roland	15 M Th. d'Avila	15 V Albert	15 D Ninon
16 M N.-D. Mt Carmel	16 V Armel	16 L Édith 38	16 M Edwige	16 S Marguerite	16 L Alice 51
17 M Charlotte	17 S Hyacinthe	17 M Renaud	17 J Baudouin	17 D Élisabeth	17 M Gaël
18 J Frédéric	18 D Hélène	18 M Nadège Q.T.	18 V Luc	18 L Aude 47	18 M Gatien Q.T.
19 V Arsène	19 L Jean Eudes 34	19 J Émilie	19 S René	19 M Tanguy	19 J Urbain
20 S Marina	20 M Bernard	20 V Davy	20 D Adeline	20 M Edmond	20 V Abraham
21 D Victor	21 M Christophe	21 S Matthieu	21 L Céline 43	21 J Prés. Marie	21 S Pierre Canisius
22 L Marie-Mad.	22 J Fabrice	22 D Maurice	22 M Élodie	22 V Cécile	22 D HIVER
23 M Brigitte 30	23 V Rose de Lima	23 L AUTOMNE 39	23 M J. de Capistran	23 S Clément	23 L Armand 52
24 M Christine	24 S Barthélemy	24 M Thècle	24 J Florentin	24 D Christ Roi	24 M Adèle
25 J Jacques	25 D Louis	25 M Hermann	25 V Crépin	25 L Cath. Labouré	25 M NOËL
26 V Anne, Joachim	26 L Natacha 35	26 J Côme, Damien	26 S Dimitri	26 M Delphine 48	26 J Étienne
27 S Nathalie	27 M Monique	27 V Vinc. de Paul	27 D Émeline	27 M Séverin	27 V Jean
28 D Samson	28 M Augustin	28 S Venceslas	28 L Simon, Jude 44	28 J Jacq. de la Marche	28 S Innocents
29 L Marthe 31	29 J Sabine	29 D Michel	29 M Narcisse	29 V Saturnin	29 D Sainte Famille
30 M Juliette	30 V Fiacre	30 L Jérôme 40	30 M Bienvenu	30 S André	30 L Roger
31 M Ign. de Loyola	31 S Aristide		31 J Quentin		31 M Sylvestre

ています。王名で名高いアンリも形無《かたな》しですね。しかも、その一三日にはすでにジョエルがいるため、二名連記となっていて、肩身の狭い思いをしています。ジョエルは旧約聖書にあるヨエルのことで、ユダヤ系の名前です。

さて、三月二七日は聖ハビーブの日となっています。一九九九年三月二八日付のルモンド紙は、フランス生まれのアラブ系住民がトゥールーズ市で市庁舎や議事堂にデモをおこなったことを伝えています。発端《ほったん》は、アラブ系二世の学生がその前年一二月、自動車を盗もうとしたところを警察官に見つかり、殺害されたことにありました。これに抗議した学生はトルコの聖人ハビーブの日を選び、「暴力反対」「差別撤廃《てっぱい》」「正義、雇用《こよう》、教育」などのプラカードをかかげて抗議行動にでたのです。

このように聖人暦にはフランスに越境してきた人びとに対する配慮《はいりょ》が見られるだけでなく、かれらの実践《じっせん》的行動の指標《しひょう》ともなっているのです。そうした変化の引き金は、一九六八年の「五月革命」にあるようです。それはパリ大学でのろしをあげ、フランス社会の硬直性《こうちょくせい》をきびしく批判し、カルチエ・ラタンに解放区を築《きず》いたことでよく知られています。その精神が一九七〇年代になって越境者や定住外国人に対するフランス人の態度を軟化《なんか》させたと言われています。

ネームデーは自分と同じ名前の聖人暦にあわせて祝ってもらうだけでなく、自己主張を繰り広げるよすがともなっているのです。

2

はじまりの時間

カレンダーをコンピューターにたとえると、ウインドウズやマッキントッシュにあたるのが西暦やイスラーム暦です。もちろん暦法の種類はこれよりも豊富で、世界の主要文明にはそれぞれ独自の暦法《れきほう》が発達してきました。

中国文明圏には干支《えと》が普及《ふきゅう》していますし、イスラーム文明圏には季節とは無関係に月日が流れる太陰暦が伝播《でんぱ》しています。また九月ないし一〇月に新年がはじまるユダヤ暦やエチオピア暦もあれば、四月に新年がくるインドやネパールの暦も健在です。しかし、欧米主導のグローバル化の時代には、西洋文明の西暦（グレゴリオ暦）が世界標準の地位をかためつつあります。

歴史的に見ると、為政者《いせいしゃ》が新しい暦を採用し、その浸透《しんとう》をはかった例はいろいろ知られています。前の章で見たとおり、古代エジプトの天文学によってローマ暦の改暦に踏みきったユリウス・カエサルがいます。グレゴリオ暦（西暦）は積年《せきねん》の誤差《ごさ》の修正をはかる、バージョンアップしたユリウス暦にほかならず、文明の転換という意味ではユリウスによる改暦のほうが画期的な意味をもっています。

そのグレゴリオ暦に挑戦し改暦を断行《だんこう》したのはルイ王朝《おうちょう》を打倒したフランス革命政府でした。アンシャン・レジーム（旧体制）の一翼《いちよく》をになったカトリック教会の暦法に代《か》え、ブリュメール（霧《きり》の月）やテルミドール（灼熱《しゃくねつ》の月）など詩的な月名をもつ革命暦を導入しました。フランス革命暦（フランス共和暦）は革命の勃発《ぼっぱつ》から三年後の一七九二年に制定され、同年を共和国第一年と定めました。これはナポレオンによってグレゴリオ暦に戻されるまで一二年ほどつづきました。しかし、あまりに急なカトリック否定であったことや北フランスを中心としていたものだったため、挫《ざ》折《せつ》を余儀《よぎ》なくされました。

フランス革命暦は秋分《しゅうぶん》の日を新年のはじまりと定め、一年三六五日は三〇日の月が一二回と、余《あま》りの五日からなりたっていました。月名は季節感をあらわした詩的なもので、三ヶ月ごとに韻《いん》を踏んでいます。

第一月　ヴァンデミエール（ブドウの月）
第二月　ブリュメール（霧の月）

4

VENDÉMIAIRE. *Signe* ♎. (AUTOMNE.)

Jours des Décad.	Jours de la Semai.	Lev. du S h. m.	Cou du S h. m.	J. de L.	Lever de la L. H. M.	Couc de la L. H. M.
1 pri	Septembre 1798. 22 ſa	5 55	6 4	13	5 46 Soir.	2 39 Matin.
2 duo	23 *D*	5 57	6 2	14	6 2	3 47
3 trid	24 lu	5 59	6 0	15	6 17	4 54
4 qua	25 m	6 1	5 58	16	6 31	5 59
5 qui	26 m	6 3	5 56	17	6 47	7 5
6 ſext	27 je	6 4	5 55	18	7 4	8 14
7 ſept	28 v	6 6	5 53	19	7 22	9 23
8 octi	29 ſa	6 8	5 51	20	7 45	10 33
9 non	30 *D*	6 10	5 49	21	8 15	11 44
10 *déc*	Octobre 1 lu	6 11	5 48	22	8 53	0 55 Soir.
11 pri	2 m	6 13	5 46	23	9 44	1 59
12 duo	3 m	6 15	5 44	24	10 51	2 55
13 trid	4 je	6 17	5 42	25	Matin	3 40
14 qua	5 v	6 19	5 40	26	0 6	4 14
15 qui	6 ſa	6 21	5 39	27	1 29	4 43
16 ſext	7 *D*	6 22	5 37	28	2 57	5 7
17 ſept	8 lu	6 24	5 35	29	4 24	5 28
18 octi	9 m	6 26	5 33	30	5 49	5 47
19 non	10 m	6 28	5 32	1	7 17	6 9
20 *déc*	11 je	6 29	5 30	2	8 44	6 32
21 pri	12 v	6 31	5 28	3	10 9	7 0
22 duo	13 ſa	6 33	5 26	4	11 31	7 37
23 trid	14 *D*	6 35	5 24	5	0 46 Soir.	8 21
24 qua	15 lu	6 36	5 23	6	1 46	9 15
25 qui	16 m	6 38	5 21	7	2 34	10 18
26 ſext	17 m	6 40	5 19	8	3 7	11 26
27 ſept	18 je	6 42	5 17	9	3 30	Matin
28 octi	19 v	6 43	5 16	10	3 59	0 36
29 non	20 ſa	6 45	5 14	11	4 18	1 44
30 *déc*	21 *D*	6 47	5 12	12	4 33	2 53

P.L. le 4, à 2 h. 13′ m. | N.L. le 18, à 3 h. 46′ ſ.
D.Q. le 12, à 40′ mat. | P.Q. le 25, à 3 h. 26′ ſ.

Apogée le 2. Périgée le 17. Apogée le 30.

5

BRUMAIRE. *Signe* ♏.

Jours des Décad.	Jours de la Semain	Lev du S h. m.	Cou du S h. m.	J. de L.	Lever de la L. H. M.	Couc. de la L. H. M.
1 pri	Octobre. 22 lu	6 49	5 11	13	4 48 Soir.	3 59 Matin.
2 duo	23 m	6 50	5 9	14	4 58	5 4
3 trid	24 m	6 52	5 7	15	5 17	6 11
4 qua	25 je	6 54	5 5	16	5 34	7 20
5 qui	26 v	6 55	5 4	17	5 54	8 30
6 ſext	27 ſa	6 57	5 2	18	6 22	9 43
7 ſept	28 *D*	6 59	5 0	19	6 58	10 53
8 octi	29 lu	7 0	4 59	20	7 45	0 0
9 non	30 m	7 2	4 57	21	8 45	0 58 Soir.
10 *déc*	31 m	7 4	4 56	22	9 55	1 45
11 pri	Novembre. 1 je	7 5	4 54	23	11 13	2 21
12 duo	2 v	7 7	4 52	24	Matin	2 50
13 trid	3 ſa	7 9	4 51	25	0 37	3 13
14 qua	4 *D*	7 10	4 49	26	2 1	3 27
15 qui	5 lu	7 12	4 48	27	3 22	3 52
16 ſext	6 m	7 13	4 46	28	4 45	4 12
17 ſept	7 m	7 15	4 44	29	6 12	4 34
18 octi	8 je	7 16	4 43	1	7 38	4 58
19 non	9 v	7 18	4 41	2	9 2	5 39
20 *déc*	10 ſa	7 20	4 40	3	10 22	6 9
21 pri	11 *D*	7 21	4 38	4	11 31	7 1
22 duo	12 lu	7 22	4 37	5	0 28 Soir.	8 2
23 trid	13 m	7 24	4 36	6	1 9	9 10
24 qua	14 m	7 25	4 34	7	1 41	10 21
25 qui	15 je	7 27	4 33	8	2 5	11 37
26 ſext	16 v	7 28	4 31	9	2 25	Matin
27 ſept	17 ſa	7 29	4 30	10	2 39	0 40
28 octi	18 *D*	7 31	4 29	11	2 54	1 46
29 non	19 lu	7 32	4 27	12	3 7	2 52
30 *déc*	20 m	7 33	4 26	13	3 22	3 56

P.L. le 3, à 7 h. 43′ ſ. | N.L. le 18, à 2 h. 1′ m.
D.Q. le 11, à 10 h. 41′ m | P.Q. le 25, à 9 h. 31′ m.

Périgée le 15. Apogée le 27.

フランス革命暦
共和国 7 年の 1798 年のもの。元日は 9 月 22 日です。

第三月　フリメール（霜《しも》の月）
第四月　ニヴォーズ（雪の月）
第五月　プルヴィオーズ（雨の月）
第六月　ヴァントーズ（風の月）
第七月　ジェルミナル（芽《め》の月）
第八月　フロレアル（花の月）
第九月　プレリアル（草の月）
第一〇月　メスィドール（収穫の月）
第一一月　テルミドール（灼熱の月）
第一二月　フリュクティドール（果実の月）

当時のカレンダーを調べてみると、王政カレンダーから共和政カレンダーへ、そして共和政カレンダーから帝政カレンダーへと、その移行が読み取れます。国家体制と暦法が政治的に連動していた例です。

日本の改暦

日本では明治新政府が中国文明から西欧文明にいち早く乗り換えました。明治六（一八七三）年の明治改暦は文明の大転換を象徴《しょうちょう》する施策《しさく》でした。いわゆる旧暦は中国の太陰太陽暦を日本で微修正《びしゅうせい》した暦で、時刻は不定時法《ふていじほう》（昼と夜を別々に等分する方法）を採用していました。明治新政府はそれを廃《はい》し、欧米先進諸国の使っている西暦に切り換え、定時法（昼夜を等分する方法）を導入しました。これは中国文明から欧米文明へとシフトする日本文明の大決断であったと言えましょう。

そうした明治政府の方針をバックアップした代表的人物には『改暦弁』を出版し西暦の啓蒙《けいもう》に努《つと》めた福沢諭吉《ふくざわゆきち》がいます。アジアで西暦採用の先陣《せんじん》をきったのは日本であり、中国では一九一一年の辛亥《しんがい》革命を待たなくてはなりませんでした。

中国暦の影響下で作成された太陰太陽暦（旧暦）の一二月三日がグレゴリオ暦（新暦）一月一日へと切り換えられたのですが、この一ヶ月はたんなる空白《くうはく》ではなく、文明的な転換を象徴していました。なぜなら改暦は日本が中国の文明的引力圏《いんりょくけん》から離脱《りだつ》し、ヨーロッパやアメリカのキリスト教文明圏に巻き込まれることを意味していたからです。

その時以来、日本人は二つの時間を生きるようになりました。旧暦が簡単には消滅《しょうめつ》せず、新暦もスムーズに普及《ふきゅう》したわけではなかったからです。明治改暦の年の秋の東京日日《にちにち》新聞（一一月二七日）には備中《びっちゅう》（いまの岡山県西部）の国で起きた次のようなエピソードがのっています。

縁組《えんぐみ》が成立し、嫁側の行列が新郎《しんろう》の家に着いたとき、そこの家族はみな熟睡《じゅくすい》していたというのです。嫁側は新暦、婿《むこ》側は旧暦で日どりを理解したために起きた珍事《ちんじ》でした。

改暦がなされても、年中行事の多くはそのまま旧暦でおこなうか、あるいは「月遅れ」の行事として定着《ていちゃく》し、終戦をむかえました。奄美《あまみ》や沖縄ではいまでも旧暦の行事がすくなくありません。一例をあげれば、お盆《ぼん》は旧暦七月の一三日から一六日にかけての行事ですが、律儀《りちぎ》に新暦七月に移行しているのは新政府のお膝元《ひざもと》の東京のみです。東京では一般にお寺の盆行事は七月におこなわれ、それ以外では月遅れの八月になります。

中秋《ちゅうしゅう》の名月《めいげつ》も旧暦八月一五日の行事《ぎょうじ》です。旧暦では春は一月から三月、夏は四月から六月、秋は七月から九月、冬は一〇月から一二月と決められていました。したがって、中秋とは真ん中の秋、すなわち八月だったわけです。お盆は初秋《しょしゅう》の行事で、九月は晩秋《ばんしゅう》とよばれていました。

正月は盆よりも複雑です。新暦の正月は年末年始《ねんまつねんし》ないし冬休み中の祝日として、新年の気分もあらたに到来《とうらい》しますが、年賀状の初春とか新春は名ばかりで、それから本格的な寒さをむかえる地方が圧倒的に多いのです。旧正月のほうが、ひと月ほど遅いので、初春の季節感としてはまだましです。どうして雪が降るような寒い時期に春をむかえるかと言いますと、そもそも中国の中原《ちゅうげん》と呼ばれる黄河《こうが》流域に発達した暦を日本が採用しているからです。季節や天候は地域によってかなりちがっているにもかかわらず、「暦の上では」などと統一的な基準のもとに暮《く》らしているからです。

初春にはそのほか小正月《こしょうがつ》と呼ばれる祭日があります。これは旧暦では最初の満月の日にあたります。農山村では旧暦正月一四日の晩には「まゆだま」をつくって養蚕《ようさん》の予祝《よしゅく》（あらかじめ豊作などを祝うこと）をおこなったり、「道具の年越し」と称して農具のミニチュアをこしらえ豊作《ほうさく》を祈願《きがん》したりしてきました。

韓国でも陰暦の正月一五日に洞祭（村落祭）が盛大に祝われます。韓国ではグレゴリオ暦への改暦は一八九五年に実施されました。しかし、一九六九年の生活文化に関する実態調査報告書（文化広報部）によると、農・漁・山村のほとんどが陰暦の正月を祝っていました。一二〇戸《こ》のサンプルのうち、農村は四戸、漁村は一戸、山村は三戸のみが新暦の正月を祝っていたにすぎないのです。いまでも韓国では旧正月のほうが盛んです。そのことはカレンダーの祝日を見ると歴然《れきぜん》としています。太陽暦正月の休日が一日だけなのにたいし、旧正月は三日も国民の祝日がつづいているからです。

しかし、旧暦の存続は昔の制度として片づけられる問題ではなくなってきています。というのは、最近では旧暦カレンダーの類《たぐい》が一〇種類以上発行されるようになっているからです。旧暦にたいする関心は、従来の季語、衣替《ころもが》え、釣《つ》りといったものから、いわゆる「精神世界」にも幅を広げているようです。たとえば、関西には満月の晩にオーストラリア先住民の巨大な縦笛《たてぶえ》ディジュリドゥーの演奏をするグループがあるように、そこには、月に精神的な癒《いや》しをもとめる心意《しんい》が潜《ひそ》んでいるようです。また、旧暦とスローライフを関連づけた書籍が民俗学のみならず「精神世界」のコーナーにも置かれ、しずかなブームをひきおこしています。しかし、これは暦にかかわる文化現象であって、文明の転換を迫るものではありません。

その証《あか》しに、旧暦カレンダーには西暦も記載《きさい》されています。あつかいの優劣《ゆうれつ》はありますが、両者の共存がはかられているのです。このようにカレンダーには文明の共存や折り合いを読み取ることもできます。また、そこには文明史のダイナミズムが刻《きざ》みこまれることもあります。

これまで明治以降の日本の暦をとりあげるとすれば、旧暦と新暦の関係を基本にすえれば、それで済《す》ますことができました。旧暦の残存にしろ、その復活にしろ、所詮《しょせん》は二つの暦、二つの時間だったのです。ところが、多くの文化がまじり合い、さまざまな民族の交流がすすむ現代、暦の文化にも多様な波が押し寄せています。「精神世界」や在日外国人が媒介《ばいかい》となってさまざまな暦を組み合わせるマルチカレンダー文化の到来《とうらい》です。今後の展開がますます楽しみになってきています。

日本のもうひとつの暦

日本では旧暦を廃止し、新暦に切り替えた後、皇紀《こうき》なるものを制定しています。二月には「建国記念の日」がありますが、これは戦前、紀元節《きげんせつ》と呼ばれていた祝日です。さすがに戦後スタートした「国民の祝日」には採用されませんでしたが、世論調査の結果、八〇パーセントの国民の意向をくんで一九六七年に復活しました。日付は記紀《きき》（古事記と日本書紀）にもとづき、神武《じんむ》天皇《てんのう》が橿原《かしはら》の宮に即位した日を紀元前六六〇年二月一一日と決めたことに由来します。明治初期にそれを日本建国の日とみなし、神武紀元と称し、あるいは皇紀と呼んできたのです。

皇紀といえば皇紀二六〇〇年の奉祝《ほうしゅく》行事が思い起こされます。二〇〇九年は皇紀二六六九年にあたります。昭和一五（一九四〇）年、すなわち太平洋戦争に突入する前年のことでした。正月三が日の橿原神宮の初詣《はつもうで》は一二五万人に達したとされ、一一月一〇日には皇居《こうきょ》前広場で紀元二六〇〇年記念式典が五万人の参加者をえて盛大におこなわれました。紀元二六〇〇年の「奉祝国民歌」や「紀元二六〇〇年頌歌《しょうか》」までつくられ、「紀元は二六〇〇年」とくりかえし歌われたといいます。

皇紀は今でも一部のカレンダーには記載されていますし、廃止されたわけではありません。日本の公式の紀年法はいまもって年号（元号）と皇紀だけであり、閏年《うるうどし》の決定には皇紀が基準とされています。思い出せば二〇年近く前、ブラジルで日系一世の古老《ころう》と話をしていたとき、彼は仏教の日本伝来は一二一二年であると主張してゆずりませんでした。「いっちに、いっちにとやってきた」と覚えさせられたというのです。まさかとは思いましたが、皇紀でした。

インドネシアのバリにはカレンダー・トレランシと呼ばれる暦があります。いろいろな

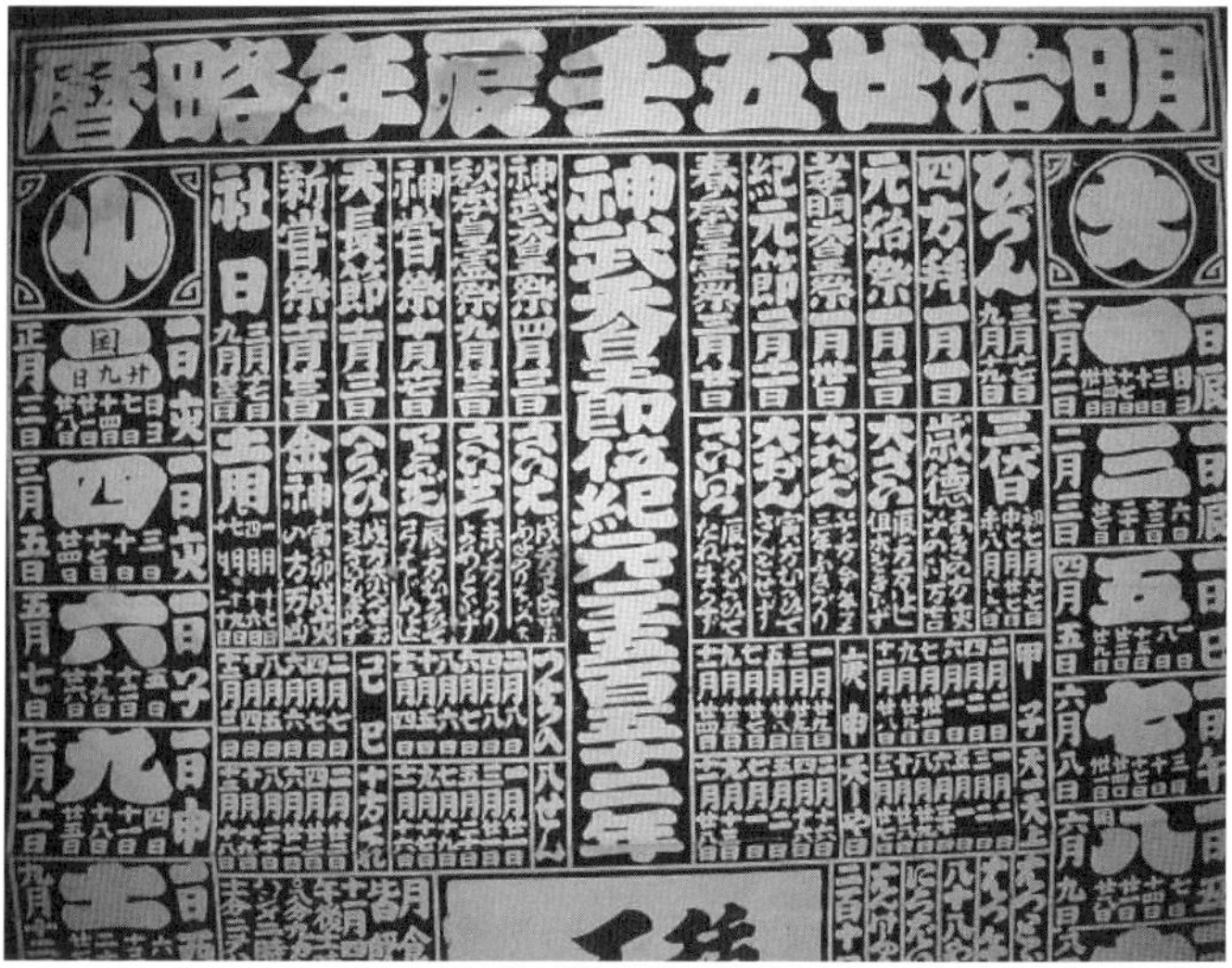

日本のもうひとつの暦、神武天皇即位紀元の皇紀

宗教に寛容《かんよう》（トレランシ）であるという意味です。そこには西暦以外に、ジャワ暦、ヒンドゥーのシャカ暦、イスラームのヒジュラ暦、中国の太陰太陽暦（農暦）、仏暦《ぶつれき》、孔暦《こうれき》などが盛り込まれています。そして何と皇紀まで印刷されています。くわえて平成《へいせい》や曜日までローマ字で記載されています。これはバリをおとずれる多数の日本人観光客を意識したものではありません。太平洋戦争のとき、三年近く日本がインドネシアを占領していたことの名残《なごり》なのです。当時の暦を見ると皇紀はもとより、曜日の欄《らん》にはNichiyôbiなどとひときわ大きく印字《いんじ》されていました。カレンダー・トレランシはさまざまな文明が交錯《こうさく》したバリの歴史をうつす鏡でもあったのです。

神武即位の皇紀によく似た紀元としては隣国、韓国の檀紀《だんき》があります。朝鮮神話の最初の王、檀君王倹《だんくんおうけん》の即位を紀元とするものです。『三国遺事』（一三世紀後半）や『東国通鑑』（一四八五）にみえる檀君即位の記述から割り出して、紀元前二三三三年を紀元としています。檀紀は戦後の一九四八年から一九六一年まで公用の年号として使用されていました。韓国の建国記念日は開天節と呼ばれ、一〇月三日があてられ、国慶日（公休日）となっています。ちなみに、ペ・ヨンジュン主演の韓国ＴＶドラマ「太王四神記」では桓雄《かんゆう》が熊族の女と結婚し檀君を産む物語がＣＧ映像を駆使《くし》して編集されています。

インドネシアのバリのカレンダー「トレランシ」

韓国の檀紀・西紀・干支・仏紀カレンダー

北朝鮮（朝鮮民主主義人民共和国）では一九九七年九月九日から主体（チュチェ）の年号を突然開始しました。金日成（キム・イルソン）誕生の一九一二年が紀元で、いきなり主体八六年となったのです。

台湾《たいわん》では一九一一年の辛亥《しんがい》革命の翌年に樹立《じゅりつ》された中華民国を紀元とする民国暦がいまでもカレンダーには記載されています。中華民国の国民党が大陸を追われて台湾にきたことがここにも尾を引いています。このように暦法は宗教のみならず政権の浮沈《ふちん》とも連動している場合がすくなくありません。

紀元のいろいろ

皇紀や檀紀に驚いてはなりません。もっと古いものにユダヤ暦の紀元があります。こちらは旧約聖書の創世記《そうせいき》の冒頭にある天地創造からはじまっているのです。それは紀元前三七六一年のこととされ、二〇〇九年は九月の新年をむかえるまで五七六九年です。皇紀、檀紀、ユダヤ暦の紀元はいずれも民族のアイデンティティと深い関係にあります。記紀や『三国遺事』『旧約聖書』は神話的記述をふくむ歴史書であり、民族の歴史を後世《こうせい》に伝えて

北朝鮮のカレンダー
2006年は主体95年と書いてあります。

台湾のカレンダー
2002 年は中華民国 91 年と書いてあります。

います。紀元は民族的自覚が高まったときに創出《そうしゅつ》され、日本では明治初期から太平洋戦争の敗戦にかけて皇紀が、韓国では独立を果たした直後から一九六〇年代の初頭まで檀紀が、ナショナリズムを鼓舞《こぶ》することが唯一《ゆいいつ》ではないにしろ強力な国是《こくぜ》となっていた時代に採用されていたといえます。

他方、西暦（グレゴリオ暦）やイスラーム暦は民族とは無縁《むえん》の出来事に紀元をもとめています。西暦はキリストの誕生を基点とし、ＢＣは英語でBefore Christすなわちキリスト生誕以前を意味しています。もっとも、実際に生まれたのは紀元前四年ごろと推定されています。ＡＤはラテン語でAnno Domini（主の年）をあらわしています。

そのＢＣとかＡＤという数えかたは、キリスト教が成立してすぐ使われたわけではなく、六世紀になってやっと編《あ》み出されたものなのです。きっかけとなったのは復活祭の日付算定を見なおす必要からです。紀元前四五年から施行《しこう》されてきたユリウス暦は先述のとおり暦年を三六五・二五日としたため、一年が平均して一一分ほど長くなり、年月が経《た》つとずれがひどくなっていました。ただし、キリスト紀元の浸透《しんとう》は緩慢《かんまん》で、グレゴリオ暦への改暦はさらに一〇〇〇年以上もの年月を待たなければなりませんでした。古代・中世のキリスト教世界ではローマ建国からのローマ紀元、王や教皇の即位年数、天地創造紀元（紀元前五〇〇〇年や紀元前三九五二年）が幅を利《き》かせていたからです。

それにくらべるとイスラームのほうがより統一的な紀元を採用していたことになります。イスラーム暦はヒジュラ暦とも呼ばれるように、預言者ムハンマドがメッカからメディナに移住したヒジュラ（聖遷）の年を紀元としています。新しい宗教としての自覚《じかく》と結束《けっそく》をかためた原点がメッカでの迫害をのがれたヒジュラであったのです。そしてムハンマドが天啓《てんけい》を受けて創始した信仰の共同体はアラビア半島から民族の壁を越えてひろまりました。

キリスト教もローマ帝国の迫害を避けカタコンベ（地下墓所）にこもって信仰《しんこう》をまもった時代が長く続きました。紀元においても長い目で見ればローマ紀元を拒否しキリスト紀元の創出へと向かったといえます。どうも創唱宗教《そうしょう》（教祖や開祖をもつ宗教）は独自の紀元をもちたがる傾向があるようです。たとえば仏教には紀元前五四四年のシャカ入滅《にゅうめつ》（死亡）を起点とする仏紀があります。満《まん》で数えるところ（タイ、ラオスなど）と、数えのところ（中国、韓国、ミャンマー、スリランカなど）でちがいがみられますが、開祖《かいそ》の涅槃《ねはん》（死亡）が紀元であることにかわりはありません。

また、儒教《じゅきょう》にも孔子《こうし》（紀元前五五一～紀元前四七九）の生誕年（一般的）や没年（特殊）を基準とする孔子紀元があります。あまり一般的ではありませんが孔暦と呼ばれています。

立教《りっきょう》何年というような使用法も教団にとっての紀元に相当します。比較的新しいところでは戦後、「踊る宗教」としてジャーナリズムをにぎわした天照皇大神宮教《てんしょうこうたいじんぐうきょう》が昭和二一年を「神の国の紀元」元年と定め、世界平和をめざす同志（信徒）の結集をはかり、独自の年号を使用しています。近年ではオウム真理教が地下鉄サリン事件の少し前、「真理国基本律」の草案《そうあん》を起こし、その第一八条に「建国の年を真理暦元年とする」という条文を用意していたことが知られています。

紀元にみる宗教と統治

宗教と暦法の関係は古代以来、密接不可分《ふかぶん》でした。紀年法に限っても、微妙なちがいが実は文明や文化の深層《しんそう》とかかわる問題でもあったのです。シャカ入滅《にゅうめつ》の数えかたも大乗《だいじょう》仏教（北伝）と上座部《じょうざぶ》仏教（南伝）の流れが影を落としています。キリスト教でもエチオピア暦のようにキリストの誕生をＡＤ七年とするところがあります。そのためエチオピアでは二〇〇八年の九月一二日（新年）にあらたなミレニアム（二〇〇〇年紀）をむかえました。イスラームでもヒジュラ暦とイラン暦では紀年法が異なっています。なぜなら前者が純粋の太陰暦であるのにたいし、後者はゾロアスター教の伝統をひく太陽暦だからです。ヒジュラ暦は一年が三五四日（閏年《うるうどし》は三五五日）であるのにたいし、イラン暦は春分からはじまる三六五日（閏年は三六六日）が一年です。紀元は双方《そうほう》ともヒジュラのAD六二二年としていますが、累積《るいせき》年数に若干《じゃっかん》のちがいがでてきます。ヒジュラ暦だと人は毎年、一一日ほどはやく歳をとる勘定《かんじょう》になります。

紀元は宗教と同じくらい征服・建国・革命など、統治《とうち》と深くかかわっています。フランス革命暦や中華民国紀元、皇紀《こうき》や檀紀《だんき》のほかにもシャカ暦、ヒンドゥー暦、ジャワ暦、チベット暦、あるいは一九世紀末の太平天国の乱のときにつくられた一年三六六日の太平天国暦など、そうした事例《じれい》には事欠《ことか》きません。シャカ暦はお釈迦《しゃか》さまとは関係がなく、イラン系のシャカ族が北インドを平定《へいてい》したAD七八年を紀元としています。この暦はいまでもインドやバリで使われています。他方、太平天国暦は太平天国の乱の終息《しゅうそく》と運命をともにしました。

インドの暦には二つの紀元があります。シャカ紀元とヴィクラマ（ヴィクラム）紀元です。シャカ紀元は紀元七八年、ヴィクラマ紀元は紀元前五六年を基準としています。ネパールではヴィクラマ紀元を使用したカレンダーを使っていますが、インドネシアのバリのカレンダーにはシャカ紀元がのっています。また、マレーシアやシンガポールのカレンダーには南インドのタミル暦が記載《きさい》されているものがあります。こうしたところにヒンドゥー文化のひろがりを見てとることができます。

ジャワ暦は中・東部ジャワを中心に使用されている暦です。北インドのアジサカ王が即位したとされる西暦七八年を紀元とするシャカ暦と、西暦六二二年を紀元とするイスラーム暦を融合《ゆうごう》させ、シャカ暦一五五五年元日とイスラーム暦一〇四三年元日とがあわせられました。この日は西暦では一六三三年七月八日にあたります。ジャワ暦ではヒンドゥーとイスラームという二つの宗教、ないし二つの文明の融合がはかられているのです。

チベットから亡命したダライ・ラマ一四世で知られるチベット仏教（ラマ教）にはチベット暦（時輪暦《じりんれき》）と呼ばれるインド系の太陰太陽暦があります。チベット仏教がひろがったモンゴルでもチベット暦が併用《へいよう》されています。これは西暦一〇二七年が紀元です。

元号（年号）は紀元と同様、文書の日付として重要な役割を果たしています。元号は王や天皇の即位を基準として、その治世《ちせい》を数える方法（紀年法）です。中国では紀元前一四〇年、漢の武帝《ぶてい》のときに「建元」とつけたのがはじまりで、日本では六四五年の大化の改新のときに「大化」と号したのが最初です。中国では辛亥《しんがい》革命の後に元号《げんごう》を廃止したため、満州国の「大同」と「康徳」は別として、中華民国紀元と西暦紀元が使われてきました。朝鮮の元号も一九一〇年の日韓併合《にっかんへいごう》で消滅《しょうめつ》しています。日本はいまでも元号をもちいている唯一《ゆいいつ》の国なのです。

宗教や政治権力はみずからの正統性を主張するためにさまざまな紀元を創出してきました。短命《たんめい》に終わったものもあれば、長命を維持し続けているものもあります。紀元にこめられた意味を知ることにより、その文明や文化をになった人びとの歴史に触れることもできます。「建国記念の日」は祝日法ではなく政令で制定されました。しかも、建国記念日ではなく、「の」を入れることで政治的妥協《だきょう》がはかられました。宗教界や野党の反発がけっこう強い祝日であったこともわたしの脳裏《のうり》をかすめています。

column

十二支

世界のさまざまな暦の紀元について見てきましたが、紀元のない暦もあるのです。中国の干支《えと》がその代表です。干支は紀元に関係なく六〇年サイクルで循環《じゅんかん》します。中国文化圏では干支が国や地域を越えて通用してきました。

十二支が振り出しに戻って、二〇〇八年は子《ね》年です。子は解字《かいじ》すると「了」（終わり）と「一」（はじめ）から構成されています。つまり、終わりとはじめを統合するという意味で、子は十二支《し》という循環的時間の要《かなめ》の役割を果たしています。

十二支は十干《じっかん》と組み合わさって十干十二支、すなわち干支となります。六〇干支《かんし》とも言います。なじみの干支ではありますが、現代ではそれほど多用されるわけではありません。せいぜい年賀状で年に一度、見かけるくらいでしょう。甲子《こうし》園《えん》球場がつくられた甲子《きのえね》は一九二四（大正一三）年にあたりますが、ふつう子年で思い出すのはそんな程度かもしれません。

しかし、干支は中国文化が及《およ》んだところでは絶大なる威力《いりょく》を発揮《はっき》してきました。干支は六〇年に一回めぐってきますから、それだけでは歴史的時点を同定《どうてい》できません。元号や西暦の年が併記《へいき》される必要があります。しかし今日、西暦が浸透《しんとう》した結果、昭和・平成のような元号に西暦年を付すことはあっても、干支を付けくわえることはなくなりました。「平成二〇戊子年《つちのえね》」とか「二〇〇八戊子年」という表記に出会うことはまずありません。

そう思っていた矢先、突然「平成戊子年」が目に飛び込んできました。和歌山県は熊野本宮の社頭に立てられた巨大な絵馬《えま》の写真を撮《と》ろうとしていたときのことです。熊野本宮大社の宮司《ぐうじ》が毛筆《もうひつ》で書いたもので、「二〇」の数字は抜けていますが、まぎれもなく元号と干支の組み合わせです。やはり同社でもとめた日本神社暦編纂《へんさん》会編の「神社暦」にも「平成二十戊子年」が「皇紀二、六六八年」と「西紀二、〇〇八年」を両脇にしたがえ、大きな活字で中央に陣《じん》どっていました。

わたしは歴史家ではありませんから、元号や干支をたえず意識して年代を考える習慣はありません。ほとんど西暦一辺倒ですが、国立と名のつく機関に勤務している関係上、書類には平成を使うことが多くなります。しかし、丙午《ひのえうま》や金豚《きんぶた》のような文化現象にはもちろん注意をはらっています。丙午うまれの女性は夫を殺すという俗信《ぞくしん》があり、実際一九六六年には出生率が低くなっています。これに対し、金豚は逆に出産がふえるとされています。日本ではあまりなじみはありませんが、金豚とは木、火、土、金、水の五行《ぎょう》と十二支を組み合わせたもののひとつで、干支と同じく六〇年周期でめぐってきます。日本の亥《い》年は中国などの豚年にあたり、二〇〇七年が金豚だったのです。豚は多産であるところから、子宝《こだから》だけでなく、金運にもめぐまれるとされています。二〇〇七年には中国や韓国、あるいはベトナムでは出生率が上がったはずです。

干支は中国文明圏のひろがりを如実《にょじつ》に体現しています。しかも、そこには濃淡《のうたん》があり、バリエーションもみられます。

まずはベトナムの例を紹介しましょう。そこでは「猫が選ばれなかった十二支物語」で鼠《ねずみ》をうらんでいるはずの猫が第四番目の動物となっています。かわりに兎《うさぎ》が追い出された格好《かっこう》です。越南と記されるベトナムは、「呉越同舟《ごえつどうしゅう》」の越の国の南という意味です。中国文化の影響を強く受け、中部の古都フエは「フエの建造物群」として世界遺産への登録がなされています。仏教も東南アジアでは稀有《けう》のいわゆる大乗仏教《だいじょう》です。暦法も中国式を採用しましたが、干支に一点、上記のような相違《そうい》があります。また、テトと呼ばれる正月はベトナム戦争のさなか、北ベトナム軍よって大攻勢が仕掛けられたことで有名ですが、二〇〇七年のテトは中国の旧正月と一日ずれていることに気がつきました。国立民族学博

祝日には国旗をあげましょう
日本神社暦編纂會編
皇紀二、六六八年
平成二十戊子年
西紀二、〇〇八年
神社暦
熊野本宮大社

神社暦

column

中国・大連のレストランで見かけた金豚の金色の貯金箱

ベトナムのカレンダー
多産の豚が描かれています。

物館にきているベトナム人の留学生に聞くと、微妙な時差のちがいに起因《きいん》するものだそうです。猫年の一九九九年の日めくりカレンダーは西暦の下にベトナム語と漢字で太陰太陽暦（農暦）がのっています。

つぎにモンゴルのカレンダーをとりあげてみましょう。そこでも干支は健在で、一九九八年のものには虎《とら》がしっかり中央にすえられています。表紙にモンゴル文字のほかにチベット文字とキリル文字が認められるのはいかにも一九九〇年代のモンゴルです。というのも、一九九一年のソ連崩壊後、その影響を脱する象徴としてモンゴル文字が復活しましたが、キリル文字（ロシア語）やチベット文字（ラマ教）は歴史的にも文化的にも依然《いぜん》としてその存在感を維持しつづけているからです。虎もまた中国文明（十二支）のまぎれもなき痕跡《こんせき》です。ただし、干支は十二支と色によって組み合わされています。これはかつてモンゴルからの留学生に教えてもらったことですが、青、青味、赤、赤味、黄、黄味、白、白味、黒、黒味の順になるそうです。兄（え）弟（と）ではなく、五色が濃い色と薄い色に分かれているのです。ちなみに、戊子《つちのえね》は「黄子」となるのでしょうか。

民族学博物館所蔵のカレンダーからはこのほか干支に関しては中国、台湾、韓国は言うに及ばず、華人《かじん》（中国系の住民）の多いシンガポール、マレーシア、フィリピン、インドネシアなどの東南アジア諸国、さらにはチベットや中央アジアのキルギスなどにひろがっていることがわかります。

最後に干支に関係なく、毎年のように虎がでてくるカレンダーがタイに存在します。蒙古《もうこ》ならぬ猛虎《もうこ》のもので、泰国猛虎会が作成しているものです。これはタイガーズ・ファンの国際的ひろがりにともなった現象《げんしょう》とみることができます。

3 くぎりの時間

暦の一年は元日にはじまり、大晦日《おおみそか》に終わります。しかし、新年を西暦の一月とは別に祝っているところがあります。これまで見てきたように、中国、韓国、ベトナムの旧正月はその好例ですし、ユダヤ暦やエチオピア暦では九月に新年をむかえます。しかも、年度の一年には会計年度もあれば、学年暦もあります。この章では、暦の上でさまざまにくぎられる時間のサイクルについて見ることにしましょう。

彼岸は「日願」である

中国の太陰太陽暦には二十四節気《にじゅうしせっき》があります。これは太陽の一年の運行を二四等分にくぎったものです。中国の暦が純粋な太陰暦でないのは、このためです。立春《りっしゅん》からはじまり、雨水《うすい》、啓蟄《けいちつ》、春分《しゅんぶん》と続きます。そして夏至《げし》や秋分《しゅうぶん》、立冬《りっとう》を経《へ》て冬至《とうじ》にいたります。その冬至から日が徐々《じょじょ》に長くなり、春分で昼と夜の長さが等しくなります。その日はお彼岸《ひがん》の中日《ちゅうにち》でもあり、「暑さ寒さも彼岸まで」とは季節の境目を的確にとらえた諺《ことわざ》です。三月二〇日のこともあれば、年によっては二一日のこともあります。日本では春分の日は国民の祝日であり、法律では「自然をたたえ、生物をいつくしむ」と規定されています。一方、秋分の日は「祖先《そせん》をうやまい、なくなった人びとをしのぶ」と区別されています。同じ目的で二回も休むわけにはいかない、お国の事情がはたらいているのでしょう。

春分も秋分も庶民《しょみん》のあいだではお彼岸の中日としてお墓参りをする日と決まっています。お彼岸は太陽の動きに即した仏教行事です。しかも、驚くなかれ、中国にも韓国にも例をみない日本独特の行事なのです。そのうえ、大阪の四天王寺《してんのうじ》が日本一の聖地と見なされていたというのです。まずは仏教民俗学者の五来重《ごらいしげる》の所説に耳を傾けてみましょう（『続仏教と民俗』角川書店、一九七九年）。

平安時代、四天王寺の七日間にわたる彼岸会《ひがんえ》は西門《さいもん》念仏と呼ばれていました。彼岸の中日、落日は真西となるため、その方角に向かって念仏すれば極楽浄土《ごくらくじょうど》に結縁《けちえん》することができるといわれ、四天王寺でするのが最高とされました。そのため上皇《じょうこう》も公卿衆《くぎょうしゅう》も京の都から難波《なんば》へ難波へと群れをなしたと言います。

仏教を日本に伝えた国に彼岸会はなく、なぜ日本で浄土信仰《じょうどしんこう》と結びつく形で春分秋分に彼岸の行事をおこなうようになったのでしょうか。民俗学ではそうした謎を解《と》くために先祖伝来の庶民信仰に答えをもとめることを常道とします。ふたたび五来説にもどることにしましょう。

丹後《たんご》（京都府北部）や播磨《はりま》（兵庫県南西部）では、彼岸の七日間のあいだに「日の伴《とも》」とか「日迎《ひむか》え日送り」という行事をしていました。朝は東方、昼は南方、夕方は西方のお宮やお堂に参拝するのです。関東の村には東に朝日堂、西に夕日堂をもつところがあります。また信州の北アルプスの麓《ふもと》には「日天願《にってんがん》」という言葉も残っていますので、そもそも「日《ひ》の願《がん》」という民俗語彙《ごい》があって、これが「日願《ひがん》」になったと推定しています。それに「彼岸」の字をあて、浄土や念仏と結びつけたのは僧侶《そうりょ》であるとも。

これは、彼岸の仏教行事の基層に、太陽の運行に応じて「おてんとうさま（天道）」を参拝する習俗があるという指摘です。太陽と春分と宗教行事の組み合わせは中国やインドを越えてイラン（ペルシア）の新年にわたしの想念を飛躍《ひやく》させます。というのも、そこでは新年は春分にはじまり、それに先立って墓参りと先祖供養《せんぞくよう》が盛んにおこなわれるからです。

イランの春分は正月である

イランの暦では春分点をもって新年がはじまります。イスラーム国家でありながら、太陽暦を公式に採用しているのです。もちろん太陰暦のヒジュラ暦（イスラーム暦）をラマダーン（断食月）などのイスラーム行事のときには使いますが、一般には一年は三六五日（閏年《うるう》は三六六日）で、最初の半年が月三一日、後の半年が月三〇日で、最後の月のみ二九日（閏年は三〇日）となります。

春分の日はノールーズ（新しい日）と呼ばれ、ササン朝ペルシアの時代からはじまったとされます。ノールーズの起源については諸説ありますが、一説にゾロアスター教の思想と関連づけるものがあります。それによると、光と闇《やみ》を対比するゾロアスター教では、暗黒の冬から光輝《こうき》の春の到来は闇の時代から光の時代への移行を象徴し、善が悪に勝利することを意味しているというのです。イラン暦とイラン人の生活文化を論じた中西久枝氏の報告を紹介することにしましょう（「イランの暦に見るイラン人の世界観と生活文化――ヴェールの内側のゾロアスター文化」『アジア遊学』一〇六号、二〇〇八年）。

ノールーズの前後二週間はさまざまな行事でいろどられています。ノールーズの前にはチャハル・シャンベ・スーリーといって火の上を跳《と》んで悪魔祓《あくまばら》いをする行事があります。家のなかの不用品を路上に出し、子どもたちが歌いながらその火の上を跳び、無病息災《むびょうそくさい》を祈るのです。またゾロアスター教では最後の一〇日間のあいだに「魂」が物質世界にもどるとされ、イラン人がノールーズの前に墓参りをするのは、この信仰に起源があるといいます。しかも、墓の前では、コーランの最初の章を亡《な》くなった人たちに詠《よ》んで聞かせます。そうすることで故人の善が増え、より天国に近づくと考えているのです。そして新年になると、まず祖父母《そふぼ》の家を訪問し「新年おめでとう」の挨拶《あいさつ》をします。そのあと近所や友人宅をたがいにおとずれ、一緒にご馳走《ちそう》を食べ、新年を祝うといいます。

このようにイラン文化の根底にはゾロアスター文化が流れていて、とくにノールーズの時期にそれが湧《わ》き出てくるというのが中西説です。ここでノールーズと彼岸を比較するのはいかにも唐突《とうとつ》ですが、春分に先祖祭祀《さいし》をおこなっている地域が世界にすくなくとも二ヶ所あることは心にとめておいていいかもしれません。文化的なつながりはなくとも、ご先祖さまと「おてんとうさま」に感謝しながら春（新年・彼岸）をむかえる気持ちは通じあっているからです。

イースターは春分が基準である

キリスト教のイースター（復活祭）は毎年、日にちが変わる移動祝日ですが、基準は春分です。というのもイースターは春分の次にくる満月のあとの日曜日と決められているからです。二〇〇九年は四月一一日（土）が満月でしたので、四月一二日の日曜日が早くもイースターとなりました。こういう日どりの決めかたは太陽と月の運行を組み合わせたもので、太陰太陽暦とは言えませんが、キリスト教行事が太陽暦だけで成り立っているわけではないことを教えてくれるものです。

春分のころのキリスト教の行事として有名なのはスペインのヴァレンシアでおこなわれる「火祭り」です。たくさんの巨大な張りぼて人形を祭りの最終日にあたる三月一九日の深夜に燃やすことで知られていますが、カトリックの聖人暦ではこの日は聖ヨセフの日です。火祭りは中世にはじまったとされますが、一説によると、冬の間にたまった木の破片《はへん》やくずを職人たちが春分の日を祝うために燃やしたことにあるといいます。また、ヴァレンシアの大工《だいく》たちは冬のあいだ厚板のうえにローソクをともして仕事に打ち込んでいましたが、春の到来《とうらい》はローソクの光を必要としないことから、その板を燃やしたのが起源だとも言います。ちなみに聖ヨセフはイエスの父で大工であったことから、大工職人の守護聖人としてあがめられています。

このようにキリスト教でも春分は完全に無視されているわけではないのです。

雨季

熱帯地域では雨季《うき》と乾季《かんき》を大きな時間のくぎりとしています。また、モンスーン地域では季節風とともに雨季が周期的にやってきます。日本でも梅雨《ばいう》前線《ぜんせん》の停滞《ていたい》で、雨季のような時期が約ひと月あります。

その梅雨《つゆ》をうっとうしいと感じるか、めぐみの雨と思うかはケース・バイ・ケースでに大工さんにとっては後者にあたります。しかし、昔の大工さんにとっては命取りだったかもしれません。「大工殺すにゃ刃物はいらぬ、雨の三日も降ればいい」と言われていたのですから。

梅雨は北海道をのぞく日本列島に特有の現象です。西暦では六月から七月にかけておとずれますが、旧暦では五月（皐月《さつき》）のこととされていました。芭蕉《ばしょう》の句「五月雨《さみだれ》をあつめて早し最上川《もがみがわ》」はそのころの情景をうたったものです。また「五月晴《さつき》れ」というのも、ほんらい梅雨の合間の晴れのことをさし、西暦五月のすがすがしい気候を形容する表現ではありませんでした。

ところで、旧暦の発祥地《はっしょうち》である黄河《こうが》中・下流域には梅雨がありません。その証拠《しょうこ》に二十四節気《にじゅうしせっき》には雨水《うすい》や穀雨《こくう》はあっても、梅雨に相当するものは見あたりません。雨水は立春の後にくる節気で「雪散じて水となる」時期、つまり雪が雨に変わる時節にあたります。穀雨は穀物をうるおす春雨《はるさめ》のことをさし、種まきの時期にあたります。日本の梅雨のころの節気といえば夏至《げし》と小暑《しょうしょ》です。雨には関係がありません。ただし、二十四節気のそれぞれの節気をさらに三分割した七十二候《しちじゅうにこう》には大雨時行《たいうときにゆく》というのがあり、時として大雨が降るという時節が西暦八月の上旬にめぐってきます。台風の余波《よは》もそれに含まれるのでしょうか。

熱帯モンスーン地域の雨季

台風といえば日本では二一〇日や二二〇日が暦の上ではその到来の目安となっていました。立春から数えて二一〇日や二二〇日にあたるころが経験上、嵐の吹き荒れる時節です。西暦では九月一日ごろと九月一〇日ごろにやってきます。これは徳川幕府の暦編纂係《こよみへんさん》であった渋川春海《しぶかわはるみ》が定めた日本独自の節目の日です。

梅雨や台風が日本列島を見舞う代表的な雨だとしても、熱帯モンスーンにくらべれば雨量においても期間においてもたかが知れています。モンスーンの語源はアラビア語の「季節」をさす言葉ですが、一般には「季節風」の意味で使われます。インドのモンスーンは冬には北からヒマラヤを越えて乾燥《かんそう》した空気をはこび、夏にはインド洋から多量の雨をともなう湿潤《しつじゅん》な風を吹かせます。後者が際立《きわだ》っているため、モンスーンをたんなる風ではなく、雨季やその時期に降る雨を意味する気象《きしょう》用語におしあげたのです。

インドから東南アジアに広がる熱帯モンスーン地域では六月から九月にかけて長雨の季節をむかえます。これが農業に好影響をおよぼし、多数の人びとを養《やしな》う源《みなもと》となっています。カレンダーを見ると、四月の中旬にインドでもネパールでも、またタイやラオスでも、いっせいに「水かけまつり」がおこなわれます。だれかれとなく水をかけあう無礼講《ぶれいこう》のような行事ですが、暑気《しょき》ばらいと同時に、モンスーンの到来を予祝《よしゅく》する意味をもちます。暦法は国によってそれぞれ異なるのに、この行事だけは共通しています。しかも、それが実質的な「新年」と考えられているのです。この符合《ふごう》はどこからくるのでしょうか。

それは占いでおなじみの一二宮《きゅう》にヒントがあります。一二宮とは太陽の通り道、すなわち黄道《こうどう》を一二に分け、それぞれに星座をあてはめ、一年の目安としたものです。古代バビロニアにはじまり、ギリシアに伝えられ、西洋占星術《せんせいじゅつ》として発達し、インドにも伝来しました。それがネパールや東南アジアにも伝播《でんぱ》したのです。「水かけまつり」は双魚宮《そうぎょきゅう》（うお座）から白羊宮《はくようきゅう》（おひつじ座）に入るときにおこなわれ、西暦では四月の一三日から一五日ごろにかけて「新年」となるのです。

だが、モンスーンをめぐるカレンダー文化には大きなちがいがあります。とりわけ注目に値するのは東南アジアの雨安居《うあんご》です。ミャンマーではワーゾー月満月（西暦七月ごろ）の夜半《やはん》からタディンジュ月（西暦一〇月ごろ）満月まで、陰暦の三ヶ月間、仏教徒にとっては神聖な「安居《あんご》」の時節となります。モンスーンの季節と重なるので雨安居とも呼ばれ

"Path to Enlightenment"
Photography by Pajaza Thongjai
September
Sun
Mon
Tue
Wed
Thu
Fri
Sat
1 2 3 4
5 6 7 8 9 10 11
12 13 14 15 16 17 18
19 20 21 22 23 24 25
26 27 28 29 30

タイのカレンダー

ています。この間、僧侶《そうりょ》は遊行《ゆぎょう》せずに僧院にとどまり、経典の勉強や瞑想修行《めいそうしゅぎょう》に明け暮れるそうです。在家《ざいけ》の信徒も結婚や新築・引っ越しをひかえます。ふだんよりも戒律《かいりつ》を増やし、午食《ごしょく》をせず、音楽を聴かず、身を飾らず、菜食に徹《てっ》する人もいるようです。農民は安居入りまでに田植えをすませなくてはなりません。雨安居は雨季と見事に調和した習慣なのです。

かつて倫理《りんり》学者の和辻哲郎《わつじてつろう》は『風土——人間学的考察』(岩波書店、一九六三年［初版一九三五年］)においてモンスーン的風土《ふうど》(日本、東南アジア、インドなど)を砂漠《さばく》(中東など)や牧場(西欧など)と対比し、「モンスーン域の人間の構造を受容的忍従的《じゅようてきにんじゅうてき》として把捉《はそく》することができる」と結論づけました。しかし、雨安居のような慣習をたんに受容的忍従的と断定できるでしょうか。むしろ、積極的な修行の機会ととらえてきたことにこそ注目してしかるべきではないでしょうか。

熱帯雨林地域の雨季

雨季の写真をのせたカレンダーは稀《まれ》です。そもそも雨の風景が写真におさめられること自体がめずらしいのです。それほどに雨はきらわれているのでしょうか。わたしのカレンダー・コレクションのなかでは大阪に本社をおく環境科学株式会社のもののなかに「雨にけぶるフタバガキ科の林冠」という説明のついた写真が見つかりました。一九九七年、マレーシアのサラワク州で飛行機事故のため急逝《きゅうせい》した生態学者の故井上民二氏が撮影したものです。

雨季と乾季はマレーシアやインドネシアと同じように、熱帯雨林のアマゾン川流域でもきわだっています。南半球でもほぼ赤道直下のベレンやマナウスでは雨季は一一月から五月ごろ、乾季は六月から一〇月ごろまでです。つまり、雨季は七ヶ月、乾季は五ヶ月というサイクルですが、それを見事にあらわしている暦がリオデジャネイロのインディオ博物館に展示されていました。

そこではブラジルとギアナの国境沿《ぞ》いに住む民族ワイアンピの暦が円形の盤に描かれていました。暦とはいっても展示用につくられたもので、一二ヶ月を雨季（chuva）の七ヶ月と乾季（seca）の五ヶ月に分けた単純なものです。月名はついていません。つけるとしてもポルトガル語では意味がありません。しかし、かわりに月ごとの絵が描かれています。一見、子どもの絵のようですが、おそらく大人が描いたものでしょう。乾季には木を切り倒し、乾燥させて、火を放《はな》つ。いわゆる焼畑《やきはた》であり、来たるべき雨季を待ちます。他方、雨季には小動物があらわれ、ヤシの実がたわわに実っています。

ワイアンピではないのですが、以前、わたしが調査したアマゾン川中流域に住むマディハの人たちに色鉛筆やクレヨンで自由に絵を描いてもらいました。大人も子どももそれに熱中しましたが、季節を描写することはありませんでした。ワイアンピの暦は人類学者が展示のために円形の枠《わく》をつくり、時間をかけ、根気《こんき》よく描いてもらったものにちがいありません。

マディハの子どもたちは、しのつく雨をものともせず、広場にできた流れを川に見立てて、手づくりのボートを浮かべて遊んでいました。こうした子どもたちが「受容的忍従的」になるとはとても思えません。村に調査に入った最初のころ、わたしは雨中のこの光景を見て、熱帯雨林の暮らしのたくましさを目に焼き付けました。

乾季の生活をマディハの村ではじめてみると、昼の暑さが身にこたえました。四〇度を超える猛暑《もうしょ》がむしろ忍従を強《し》いるのです。しかし、夕刻あたりに一雨くるとぐっと気温は下がり、しのぎやすくなります。夜は月明かりや星明かりのもと、歌や踊りで楽しくすごします。そこには蒸し暑い日本の「熱帯夜」とはおよそ無縁《むえん》な、心地よい暮らしがありま

ワイアンピ族のカレンダー
こちらは雨季 (chuva) を表わす。

こちらは乾季 (seca) を表わす。

した。夜半ともなると川面《かわも》から水蒸気《すいじょうき》が立ちのぼります。外気のほうが水温よりも低くなるからです。「熱帯夜」という、熱帯にとても失礼な表現、何とかならないものでしょうか。

このように、雨季は人びとをうんざりさせるどころか、それを逆手にとって暮らしに役立てているのです。都会の勤め人の発想で世界が動いてきたわけではないのです。

年度もいろいろ

年度もいろいろです。日本では四月に新年度がはじまります。入社式や入学式がおこなわれ、新しい会計年度もスタートします。フレッシュな気分になるのは新年ばかりではありません。新年度もまた希望に胸をふくらませる季節と言えるでしょう。

とはいえ、カレンダーの更新がなされるわけではありません。年度の変わり目に発行されるカレンダーは稀《まれ》です。もちろん学年暦はつくられます。しかし、入学式、夏季休暇、冬季休暇《きゅうか》、卒業式など、主要な学年行事がならぶものでしかありません。それを学生便覧《びんらん》にのせたり、ホームページに掲載《けいさい》したりすることはあっても、わざわざお金をかけ、独自のカレンダーに仕立てあげるところはあるのでしょうか。これが、あったのです。関東学院大学では四月開始の学年暦カレンダーを発行していました。だが、いまは停止中とのことです。京都外国語大学ではいまでも発行し続けています。

他方、会社や役所にとっても会計年度がかわることは大きな意味をもちます。しかも四月は、三月末の決算を終え、ホッとする時期でもあります。そうは言っても、わざわざ四月からの会計年度にあわせて、新規にカレンダーをつくるような会社はあるのでしょうか。わたしはまだお目にかかったことがありません。

では、外国においてはどうでしょうか。年度のカレンダーはないのでしょうか。それが、いろいろあるのです。

アラブ首長国連邦の学年暦

アラブ首長国連邦のドバイといえば最近、知名度はうなぎのぼりです。二四時間体制の空港は旅客で常時《じょうじ》ごったがえしていますし、土産《みやげ》物店も大繁盛《だいはんじょう》です。また美しい海岸には高級リゾートホテルが軒《のき》をつらねています。ここが砂漠のただなかにあるとは容易に信じることができないほどです。

そこの男子大学、正式にはドバイ男子カレッジのカレンダーを入手することができました。アラビア語ではなく英語で表記されているので、欧米文化の影響力の大きさが感じられます。スポンサーがネスカフェ（ネスレ）であることもその証拠《しょうこ》です。日付も左から右の欧米流ですが、土曜日からはじまり金曜日で終わるところはイスラーム風です。週末は木・金で、赤の数字が二列にならんでいます。

上段に「二〇〇三〜二〇〇四　学年暦」と見え、一二ヶ月の配列から、九月にはじまり、翌年の八月に終わることがわかります。右側の欄《らん》には学年行事と祝日が列記されています。一学期は九月六日に開始し、一月二一日に終了します。二学期は二月七日にはじまり、六月二三日に終わります。

そのほかアラビア会議とか湾岸教育展示とかのイベントもマークされています。さらに、祝日にはラマダーン（断食月《だんじきづき》）や国家記念日、あるいは預言者《よげんしや》ムハンマド生誕日などがリストアップされています。

フィンランドのアイスホッケー・カレンダー

二〇〇〇年の八月、フィンランドで手に入れたのはアイスホッケー・リーグのカレン

アラブ首長国連邦のドバイ男子カレッジの学年暦

れています。表紙には五人のスター選手が勇姿《ゆうし》を競い合うかのように星印にあわせて配されています。九月からリーグ戦がはじまります。写真の選手のプロフィールも紹介されています。裏表紙を見ると、九月一四日から三月一八日までリーグ戦がおこなわれ、プレイオフが三月から四月にかけて予定されていることがわかります。

日本の野球は四月からシーズンがはじまるのを恒例《こうれい》としてきました。だが、それにあわせてつくられた球団カレンダーは見たことがありません。ストーブ・リーグの最中に売り出されるカレンダーには他球団に移籍《いせき》した選手も散見《さんけん》されます。そして、その姿を日々ながめることに耐《た》えなければなりません。

いっそのこと、フィンランドのアイスホッケーにならい、四月からの年間カレンダーにしたらどうでしょうか。シーズン終了後にはもとの木阿弥《もくあみ》かもしれませんが、シーズンオフには往年《おうねん》の名選手を起用してもいいのではないでしょうか。使い捨てにされるのがカレンダーの宿命《しゅくめい》でもあるのですから。

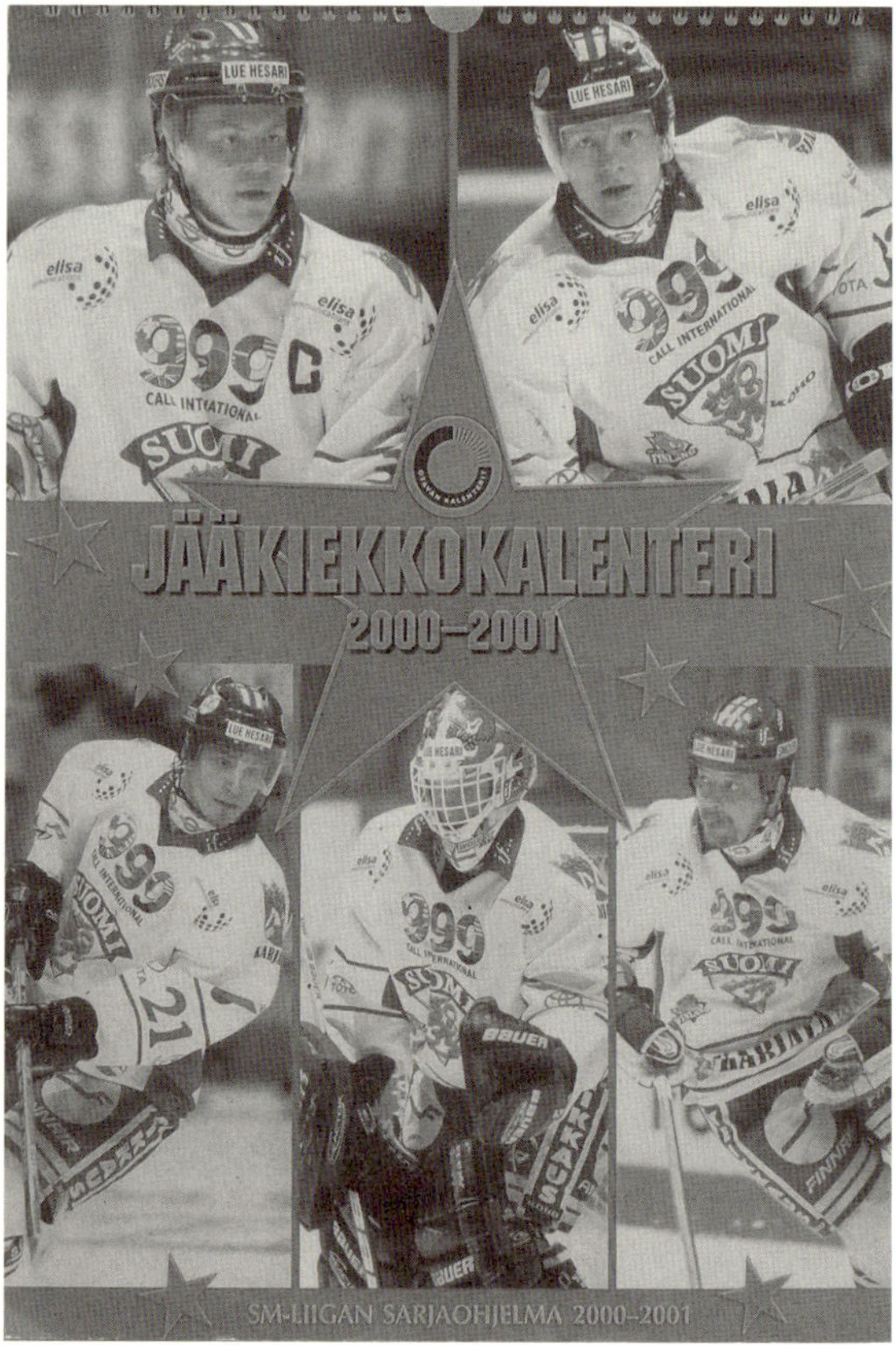

フィンランドのアイスホッケー・カレンダー

ワイン暦とビール暦

北アフリカのアルジェリアでは予算年度は一月、農業年度は九月からですが、ワイン年度は一〇月にスタートします。ブドウ栽培の統計は一〇月から九月が一年と定められているのです。というのも、ワイン用ブドウの収穫が八月末から九月中旬にわたるからです。そして一〇月にブドウ畑の耕作に着手《ちゃくしゅ》します。厳密に言うと、ワイン暦は二年にわたるそうで、一年目はブドウの暦、二年目がワインの暦であると言います。ワインの出荷は一一月からはじまりますが、本格化するのは冬を越してからであり、次の収穫期までに出荷《しゅっか》を終えなければなりません。

ワインの次はビールです。

ビールにも一種の年度がありました。ビールの本場ドイツでは「ミヒャエルからゲオルクまで」という慣用表現があり、聖人の祝日にちなんで「九月二九日から四月二三日まで」をさします。この期間がビール醸造《じょうぞう》に適しているとされていました。とくに三月（メルツ）につくられたビールをメルツェンと呼び、夏場にそのさわやかな涼感《りょうかん》を楽しんだのです。もうすこし正確に言うと、下面発酵《かめんはっこう》のビール（ラガー）は低温発酵・冷温貯蔵《ちょぞう》のゆえに冬期しか製造できなかったという事情によります。ちなみに、ドイツでは一九九五年から四月二三日が「ビールの日」に制定されています。それはその日が聖ゲオルクの日であると同時に、南ドイツのバイエルン公国で発布《はっぷ》された「ビール純粋令」に由来するものでもあるからです。

ワイン暦とビール暦はそれぞれ一枚のカレンダーになっているわけではありません。会計年度をあえて壁や卓上《たくじょう》に飾らないのと同じです。ただし、ワイン・カレンダーとかビール・カレンダーと呼ばれ、商品やイベントの写真などがのった愛好家向けのカレンダーは多数存在します。

ゴミだしカレンダー

さきほど日本には四月からはじまるカレンダーは稀有《けう》だと書きましたが、その例外のひとつに市役所が各戸に配布するゴミ出しカレンダーがあります。四月から翌年の三月まで、カレンダーの曜日にゴミ出し可能な種類がマークされています。市町村にとってゴミの分別と収集は細心の注意を要する行政サービスになっています。とくに在日外国人にたいする徹底が課題となっているようです。そのため、英語、中国語、ハングル、あるいはポルトガル語でゴミ出しカレンダーを作成するようになっています。日本のカレンダー文化もこんなところから多言語化にむかっているのです。

岸和田のだんじりカレンダー

最後に、年中行事の祭りをサイクルとするカレンダーにも登場してもらわなくてはなりません。典型は大阪府岸和田のだんじりカレンダーです。だんじりとは地車と書く山車《だし》のことで、九月一四日と一五日に町ごとのだんじりが曳《ひ》きまわされ、「喧嘩《けんか》祭り」の異名《いみよう》をもっています。

一年はだんじりの月、九月にはじまり、八月に終わります。リオデジャネイロのブラジル人にとって一年はカーニバルにはじまりカーニバルに終わるとよく言われていますが、実のところ、リオデジャネイロのエスコーラ・デ・サンバ（サンバ集団）のカレンダーは一月からのものしか収集できませんでした。とすると、岸和田のだんじりカレンダーはまことに稀少《きしよう》価値があると言わざるをえません。そこには世界に冠たるお祭りの精神が見事に反映されているのですから。

大阪府岸和田のだんじりカレンダー

column

春節とカーニバル

二〇〇五年の二月八日の晩、カレンダー研究の仲間と横浜中華街をたずねました。翌日が春節《しゅんせつ》、つまり中国人が祝う旧正月にあたっていたからです。中国人は春節こそが本当の新年と考えていますから、爆竹《ばくちく》を鳴らし、花火を打ち上げて、魔をはらい、幸運を祈るのです。関帝廟《かんていびょう》はこうこうとライトに照らしだされ、新年をむかえる人びとでごったがえし、街もネオンや赤提灯《あかちょうちん》にいろどられ、はなやいだ雰囲気《ふんいき》に満ちあふれていました。関帝廟では長い線香《せんこう》を持った初詣客《はつもうで》が関帝や諸仏に熱心に祈願する姿が見られました。関帝廟に隣接《りんせつ》する中華学校では恒例《こうれい》の獅子舞《ししまい》が深夜〇時にはじまりました。同校の学生二人が肩車で演じる一匹の獅子は、一五本の円柱の上をアクロバティックに行き交《か》い、やんやの喝采《かっさい》を浴《あ》びていました。

暦の「いたずら」で、二〇〇五年は春節とカーニバルが同じ時期にめぐってきました。地球の裏側では、リオデジャネイロをはじめとするブラジルの諸都市で、サンバのリズムに乗ったカーニバルが週末からくりひろげられ、八日の晩がクライマックスとなりました。

謝肉祭《しゃにくさい》と訳されるカーニバルは、復活祭からさかのぼる慎《つつし》みの斎戒《さいかい》期間である四旬節《しじゅんせつ》に先だっておこなわれます。肉を断《た》つ前にたっぷり食べておこうという趣旨《しゅし》です。春分の次の満月から一番近い日曜日がその日にあたります。カーニバルもイースターも一種の太陰太陽暦の痕跡《こんせき》を残した行事なのです。

さて、二〇〇五年は九日にあたった灰の水曜日は、カトリック教徒に死を想起《そうき》させ、懺悔《ざんげ》の必要性を喚起《かんき》させるために、聖なる灰で額《ひたい》に十字を記す儀式で知られています。断食《だんじき》をともなう四旬節の初日と、新年の祝賀ムードの春節がかさなって、不都合《ふつごう》は生《しょう》じないのでしょうか。日本のカトリック教徒がどうしているかは知りませんが、中国系が住民の七割を占《し》めるシンガポールの場合、灰の儀式は金曜日に延期されるのだそうです。たしかに祝祭と慎みという正反対の気分を同時に処理することは困難にちがいないでしょう。

春節と灰の水曜日はそれぞれ中国暦とグレゴリオ暦にもとづく祝日であり、シンガポールでは儀式の日にちをずらすことによって調整がはかられています。考えてみれば集団礼拝日もユダヤ教は土曜日、キリスト教は日曜日、そしてイスラームは金曜日という具合に、一種の棲《す》み分けが成立しています。日本では縁日《えんにち》がそれにあたり、一日と一五日は神社、二一日は弘法大師《こうぼうだいし》、二四日は地蔵《じぞう》、そして二六日は天理教の月次祭《つきなみさい》というように振り当てられています。おたがいには意識していないでしょうが……。

暦法にも折り合いが見られます。西暦は太陽暦ですが、行事を見ると復活祭のように古代メソポタミアの太陰暦が痕跡《こんせき》を残しています。アラビア半島で成立したイスラームは純粋な太陰暦を採用していましたが、イランのようにイスラーム暦と西暦にくわえ、春分の日を元旦《がんたん》とするような古代ペルシア以来の太陽暦の伝統を継承《けいしょう》しているところもあります。中国では太陰太陽暦が発達し、月の満ち欠けと、二十四節気のような太陽年を等分した暦法が組み合わされています。日本で使用されてきた旧暦も中国の太陰太陽暦を部分的に修正したものです。月と太陽ばかりでなく、星も暦法には一役買っています。インドやネパールの暦でひと月が二九日や三二日になったりするのは星座のせいです。

このように暦法や祝祭日には棲み分けだけでなく、重層的な折り合いが見られるのです。

4 にぎやかな時間

カレンダーの時間にくりひろげられる棲《す》み分けや折り合いをもうすこし具体的に見ていくことにしましょう。そのためにはどの暦法を基本とするかで異なる展開になることは避けられません。

イスラーム暦のひろがり

この章では誰の目にも明らかなグレゴリオ暦ではなく、それに対抗する勢力としてはもっとも強力なイスラーム暦をまず取り上げていきたいと思います。イスラーム暦のひろがりも目を見張るものがあるからです。

東京モスクとイスラミックセンター・ジャパンのカレンダー

東京の代々木上原にある東京モスクが発行している二〇〇四年のカレンダーを見てみましょう。東京モスクは正式には東京ジャーミイ・トルコ文化センターと言います。というのも、ジャーミイとはトルコ語でモスクを意味し、日本に亡命《ぼうめい》したトルコ人が創設した歴史をもっているからです。東京ジャーミイは一九一七年のロシア革命時にロシアに居住《きよじゆう》し、旧満州経由《きゆうまんしゆうけいゆ》で日本に亡命したトルコ系のタタール人を中心に設立されました。一九八六年、老朽化《ろうきゆうか》したジャーミイの建物は取り壊され、トルコ共和国の資金援助をうけて二〇〇〇年に現在のオスマン・トルコ風の建物が完成をみました。

六枚物のカレンダーにはジャーミイの全景や部分、あるいは礼拝風景の写真が大きく採用されています。月ごとの日付は西暦にもとづき、その右側にイスラーム暦が併記《へいき》されています。イスラーム暦は西暦の二つの月にわたり、スペースは西暦の半分くらいです。文字情報はアラビア語ではなく、トルコ語と英語（ローマ字を含む）の組み合わせで、日本の祝日は西暦に赤字でマークされていますが、説明の文字はありません。イスラームの祝日は英語で欄外《らんがい》に記されています。

このことから、ホスト社会の暦法を優先《ゆうせん》させ、イスラーム暦との共存をはかっているこ

TOKYO TÜRK DİYANET CAMİİ VAKFI
Shibuya-ku, Oyama-cho 1-19, Tokyo, Japan
Tel: 03-5790-0760, Faks: 03-5790-7822
2004
3 MARCH
MUHARREM / SAFER 1425
4 APRIL
SAFER / R.EVVEL 1425

東京モスク発行のカレンダー

とが理解できます。日本国への顧慮《こりよ》のあらわれとも推察《すいさつ》されます。他方、宗教法人イスラミックセンター・ジャパン発行のカレンダーはイスラーム暦にもとづき三五四日（閏《うるう》年は三五五日）の一年に西暦を併記しています［二九頁参照］。イスラミックセンター・ジャパンは日本人ムスリム（イスラーム教徒）を中心に一九五二年に設立され、一九六八年に宗教法人格を取得《しゆとく》しています。その目的には「少数派のムスリムが日本社会と協調しながら、イスラームの教義を実践《じつせん》していく道筋をつくること」とあるように、外国人の在住ムスリムを含むとはいえ、日本人を中核とした宗教団体です。そこで発行するカレンダーがイスラーム暦の一年であっても、グレゴリオ暦が付帯《ふたい》的にあつかわれていても、現在の日本ではなんら問題は生《しよう》じないはずです。

中国のイスラーム・カレンダー

雲南《うんなん》省の清真寺（モスク）が発行した一九九九年のカレンダーは三六五日の一年を表示しています。つまり西暦が基本でイスラーム暦が添《そ》えられる格好《かつこう》となっています。ただし、「一九九九年伊斯蘭《イスラーム》教暦、公暦、農暦対照表」の行の下には「伊斯蘭教暦一四一九年九月一三日至一四二〇年九月二三日」とあるところから、一年三五四日の太陰暦もきちんと表記されています。そして「伊斯蘭教節日、記念日」として九つの日付が西暦でリストアップされています。またカレンダーの上方にはアラビア文字でカリマ（「ラー　イラーハ　イッラッラーフ、ムハマドゥン　ラスールッラーフ［アッラーの他に崇拝する神はなく、ムハンマドはアッラーの使者である］」ととなえる信仰箇条）がアラベスク模様《もよう》に囲まれてすえられています。

中国の公式カレンダー（公暦）は先に見たように中華民国以来グレゴリオ暦が採用され、共産党政権になっても同様です。従来《じゆうらい》の太陰太陽暦は農暦として併用されていますが、すべてのカレンダーにその記載《きさい》が見られるわけではありません。このカレンダーの場合は、そこにイスラーム暦がくわわったと考えられます。対照表の順序は伊斯蘭教暦、公暦、農暦ですが、イスラーム暦は農暦とともに付随《ふずい》的なあつかいとなっています。このように一年三五四日のイスラームの暦法が中核にすえられていないことは何を意味するのでしょうか。

東京ジャーミイの場合はホスト社会への顧慮であると述べましたが、雲南の清真寺の場合はどうでしょうか。雲南省は住民の約七割が漢族によって占《し》められるとはいえ、イ族、ペー族、タイ族などの少数民族が散在する地域として知られています。そうした土地柄に回族をはじめとするイスラーム教徒も清真寺という拠点《きょてん》をもち、そのネットワークを活用していることがこのカレンダーからうかがえます。中央にはメッカの写真があります。その下には古巴《キューバ》清真寺と壕溝戦役《ごうこうせんえき》（六二七年にムハンマド率《ひき》いる軍隊が塹壕《ざんごう》を掘《ほ》って防衛した戦い）の写真が左右に置かれています。また、最下段には雲南盤渓北門清真寺編制と記載されています。清真寺が編集・発行したところから、中国社会に暮らすイスラーム教徒がみずからの信仰ネットワークを通して活動する様子が浮かんできます。

このようにグレゴリオ暦とイスラーム暦と太陰太陽暦をどのようにあつかうかは、地域によりさまざまなバリエーションが見られます。しかし、基本に何をすえるかについては優劣《ゆうれつ》があることも事実です。いくつかの暦法はひとつのカレンダーに共存させられますが、基本となるのはひとつの暦法です。

シンガポールのカレンダー

シンガポールのカレンダーも基本はグレゴリオ暦です。しかし、そこには中国の農暦とイスラーム暦にくわえ、南インドのタミル系住民が使うタミル暦がはいっていることに特徴があります。それは四つの暦法が共存するマルチ・カレンダーと言えましょう。シンガ

にぎやかなシンガポールのカレンダー

ポールの人口構成は中国系がおよそ七五パーセント、マレー系が約一五パーセント、インド・パキスタン系が約七パーセントです。国語はマレー語ですが、英語、中国語、タミル語も公用語として認められています。マレー系やパキスタン系はほとんどイスラーム教徒で、インド系住民の多くはタミル系です。

このカレンダーは二〇〇四年の一二枚つづりです。最上段中央にJanuaryと正月と二〇〇四の文字が見えます。その左には「癸未年十二月大至甲申年正月小」とあります。すなわち太陰太陽暦の農暦では西暦一月は「癸未の年の十二月（大の月）から甲申の年の正月（小の月）に至る」と書かれています。大の月は三〇日、小の月は二九日という意味です。一朔望月《さくぼうげつ》が約二九・五三日の関係で、太陰暦が大の月と小の月の組み合わせを基礎《きそ》とすることは言うまでもありません。

他方、右隣のDzulkaedah-Dzulhijjah（一四二四）はイスラーム暦の一四二四年で、ズールカーダ月（一一月）からズールヒッジャ月（一二月）という意味です。西暦の一月の三〇日間は農暦でもイスラーム暦でも二つの月にまたがっています。たとえば、二〇〇四年の一月二二日、すなわち旧正月の日を見てみましょう。

正月初一、農暦新年の文字が見え、左隅《すみ》に二二とあります。この二二は本来日付の中央にくるべきものですが、祝日のイラストがはいったため、隅に追いやられた格好になっています。三〇 Dzulkaedah（ズールカーダ月八日）はイスラーム暦で、その右にタミル暦のタイ月八日がのっています。上段には十二支の馬（午）の略字があります。さらに「万事如意」「恭喜発財」という吉凶《きつきよう》の占《うらな》いも記されています。なお、モノクロ写真では判別できませんが、カラフルな色分けで暦法のちがいも判然《はんぜん》とわかるよう工夫《くふう》されています［口絵2参照］。

このカレンダーのもうひとつの特徴は金・土・日におこなわれる競馬の開催地がのっていることです。開催地としてはシンガポール、クアラルンプール、イポー、ペナンがあり、マレーシアにまたがって競合《きようごう》しないよう組まれていることがわかります。最下段には干支《えと》がイラスト入りで表現されていて、生年による年齢換算《ねんれいかんざん》が一目瞭然《いちもくりようぜん》となっています。時や歳のうつろいを一枚の紙面に満載《まんさい》しているカレンダーと言えます。

タンザニアのカレンダー

タンザニアの首都ダルエスサラームはアラビア語で「平和の家」を意味し、イスラーム商人の活躍《かつやく》した港町です。またダルエスサラームの北に位置するザンジバル島もアラビア

RAMADHAN/SHAWWAL • NOVEMBA 2004

J.PILI		7 ٢٣	14 ٣٠	21 ٧	28 ١٤
J.TATU	1 ١٧ RAMADHAN	8 ٢٤	(EID EL FITR) 15 ١ SHAWWAL	22 ٨	29 ١٥
J.NNE	2 ١٨	9 ٢٥	16 ٢	23 ٩	30 ١٦
J.TANO	3 ١٩	10 ٢٦	17 ٣	24 ١٠	
ALH	4 ٢٠	11 ٢٧	18 ٤	25 ١١	
IJUMAA	5 ٢١	12 ٢٨	19 ٥	26 ١٢	
J.MOSI	6 ٢٢	13 ٢٩	20 ٦	27 ١٣	

タンザニアのカレンダー
2004 年 11 月はラマダーン月とシャッワール月にまたがっています。

語で「黒人奴隷《どれい》の町」という意味で、支配者はポルトガル、アラブ（オマーン）、イギリスとかわりましたが、イスラーム教徒が多いところです。タンザニアの公用語はスワヒリ語ですが、英語も普及《ふきゅう》しています。そうした事情を反映し、このカレンダーもスワヒリ語が主で英語表記も散見され、グレゴリオ暦とイスラーム暦の日付が同じあつかいで併記されています。ただし、月名はグレゴリオ暦にもとづいています。

一日五回の礼拝時間を記したカレンダー

イスラーム教徒にとって日常生活での礼拝は欠かせません。一日五回と定められている礼拝時間の目安は緯度《いど》経度《けいど》と日にちにしたがってずれていきます。そのため、どこでは何時を目処《めど》に礼拝したらいいか知ることができれば便利です。そうした礼拝時間を記載《きさい》したカレンダーが各地に存在します。たとえば、ウィーンのアラブ料理の露店《ろてん》スタンドでは礼拝時間をのせた小型のカレンダーを無料で客に配る体制をととのえていました。西暦の曜日を基本に、ローカルな礼拝時間を印刷したものです。

月の単位はグレゴリオ暦とイスラーム暦を基調としたものがあります。世界各地でこれまで収集したものでは前者が多いようです。しかし、後者の場合も見られます。

٢١ 21 فبراير ـ شباط FEBRUARY ٢٠٠٤ 2004	السَّبْت SAT	١ 1 محرم MUHARRAM ١٤٢٥هـ 1425H.
العقارب ١٢	نوء سعد الذابح ١٢	٢ الحوت ١٣٨٢ هـ ش

الزمن		فجر	إشراق	ظهر	عصر	مغرب	عشاء
مكة	ز	٥:٢٩	٦:٤٧	١٢:٣٥	٣:٥٤	٦:٢٢	٧:٥٢
	غ	١١:٠٧	١٢:٢٥	٦:١٣	٩:٣٢	١٢:٠٠	١:٣٠
المدينة	ز	٥:٣١	٦:٥١	١٢:٣٦	٣:٥٣	٦:٢٠	٧:٥٠
	غ	١١:١١	١٢:٣١	٦:١٥	٩:٣٣	١٢:٠٠	١:٣٠
الرياض	ز	٥:٠٣	٦:٢٣	١٢:٠٧	٣:٢٥	٥:٥١	٧:٢١
	غ	١١:١١	١٢:٣١	٦:١٦	٩:٣٣	١٢:٠٠	١:٣٠
بريدة	ز	٥:١٤	٦:٣٥	١٢:١٨	٣:٣٥	٦:٠١	٧:٣١
	غ	١١:١٣	١٢:٣٤	٦:١٧	٩:٣٣	١٢:٠٠	١:٣٠
الدمام	ز	٤:٤٩	٦:١١	١١:٥٤	٣:١٠	٥:٣٦	٧:٠٦
	غ	١١:١٣	١٢:٣٤	٦:١٧	٩:٣٣	١٢:٠٠	١:٣٠
أبها	ز	٥:١٧	٦:٣٤	١٢:٢٤	٣:٤٤	٦:١٤	٧:٤٤
	غ	١١:٠٣	١٢:٢٠	٦:١٠	٩:٣٠	١٢:٠٠	١:٣٠
تبوك	ز	٥:٤٤	٧:٠٧	١٢:٤٨	٤:٠٣	٦:٢٨	٧:٥٨
	غ	١١:١٥	١٢:٣٨	٦:١٩	٩:٣٤	١٢:٠٠	١:٣٠
حائل	ز	٥:٢٣	٦:٤٥	١٢:٢٧	٣:٤٣	٦:٠٩	٧:٣٩
	غ	١١:١٤	١٢:٣٦	٦:١٨	٩:٣٤	١٢:٠٠	١:٣٠
عرعر	ز	٥:٢٦	٦:٥٢	١٢:٣٠	٣:٤٣	٦:٠٨	٧:٣٨
	غ	١١:١٨	١٢:٤٣	٦:٢١	٩:٣٤	١٢:٠٠	١:٣٠
جازان	ز	٥:١٧	٦:٣٣	١٢:٢٤	٣:٤٥	٦:١٤	٧:٤٤
	غ	١١:٠٢	١٢:١٨	٦:٠٩	٩:٣٠	١٢:٠٠	١:٣٠
نجران	ز	٥:١٠	٦:٢٧	١٢:١٧	٣:٣٨	٦:٠٧	٧:٣٧
	غ	١١:٠٣	١٢:١٩	٦:١٠	٩:٣٠	١٢:٠٠	١:٣٠
الباحة	ز	٥:٢٢	٦:٤٠	١٢:٢٨	٣:٤٨	٦:١٦	٧:٤٦
	غ	١١:٠٥	١٢:٢٣	٦:١٢	٩:٣١	١٢:٠٠	١:٣٠
سكاكا	ز	٥:٣٠	٦:٥٤	١٢:٣٣	٣:٤٧	٦:١٢	٧:٤٢
	غ	١١:١٧	١٢:٤١	٦:٢٠	٩:٣٤	١٢:٠٠	١:٣٠

كانت ولادة هلال شهر محرم الساعة ١٢:٢٩ظ من يوم الجمعة ١٤٢٤/١٢/٢٩هـ

サウジアラビアのカレンダー
イスラーム教徒向けの礼拝時間が記されている。

西暦などと共存するイスラーム暦

世界最大のイスラーム人口をかかえる国家はインドネシアです。二億人を超す国民の八五パーセント以上がイスラーム教徒だと言われています。しかし、イスラーム教は国教ではありません。パンチャシラとよばれる独立五原則の第一原則は「唯一神への信仰」で、その解釈《かいしゃく》をめぐっては揺れがあるものの、イスラーム教、ヒンドゥー教、カトリック、プロテスタント、仏教が公認されています。ふつうのカレンダーを見ると、すべて基本は西暦であり、イスラーム暦は副次《ふくじ》的なあつかいをうけています。伝統のウク暦（一巡二一〇日）やパンチャワラ（五日週）も付随《ふずい》的なものです。

だからと言うべきか、西暦一辺倒にはなりません。むしろ、年齢はウク暦で数え、誕生日は曜日で記憶していることが一般的です。西暦はむしろ二の次です。西暦は植民地支配者のオランダや日本の暦法であり、イスラーム暦より古いウク暦がいまなお人びとの暮らしの基準となっているのです。現在では、権力でおさえつけて西暦やイスラーム暦を強制することはありません。

イランにおいても、イラン・イスラーム革命後、しばらくのあいだイラン太陽暦の正月行事は禁止されていましたが、現在では自然と復活し、古代ペルシアのゾロアスター文化に起源をもつイラン暦を中心に、イスラーム暦と西暦との共存・併用がはかられています。

イスラーム暦は一三億人と推定されるイスラーム教徒の使用するグローバルな暦法ですが、イスラーム教徒が大多数を占めるイランやインドネシアにおいても、それぞれ固有のシステムのなかで他の暦法との共存を余儀《よぎ》なくされています。しかも、イラン暦の優位は古代以来の伝統であり、ジャワ暦の案出《あんしゅつ》に見られるように折衷《せっちゅう》・融合《ゆうごう》の努力もはらわれているのです。イスラーム的な国家においてもイスラーム暦（アラビア的なヒジュラ暦）がかならずしも優位というわけではありません。

かたやアラブ諸国においても西暦は着実に浸透《しんとう》の度を増しています。かつて西欧諸国の植民地的支配に屈《くっ》していた歴史もさりながら、現在のグローバル化がそれを加速している面も否定できません。アラビア語ではなく英語のみのドバイ男子カレッジのカレンダーはそれを立証《りっしょう》するひとつの有力な材料とも言えます。

また、革命やグローバル化にともなって国際移動をしたイスラーム教徒がみずから移住・滞在先でカレンダーを発行するようになっています。さまざまな種類がありますが、ホスト社会の暦法に優位をあたえるものと、イスラーム暦を優先するものとが存在し、それぞれにふさわしい解釈を要求しています。ドイツに滞在するトルコ人を中心にイスラーム暦付きのメモ帳が販売されているのはまさにこの例でしょう。月の単位は西暦ですが、冒頭のページでは「コーランの聖句を記した手帳をトイレのような不浄《ふじょう》の場所に持ち込んではならない」と明記されています。暦法以上に、イスラームの習慣を重視している例です。

他方、ホスト社会の側でも移住してきたイスラーム教徒に対して積極的な対応をはかる例もあります。オランダのイタリアン・レストラン兼ピザ屋の発行するカレンダーはその好例といえましょう。

以上、イスラーム教徒のグローバルな拡大にともなうイスラーム暦の普及《ふきゅう》を見てきました。収集したカレンダーからすくなくとも言えることは、アラブ的なヒジュラ暦のみの場合は稀有《けう》で、カレンダーやメモ帳を通して、ローカルな暦法やローカルな文化に柔軟《じゅうなん》に対応しながら、イスラームの時間・文化をつくりあげていることです。考暦学《こうれきがく》の立場からすると、文明の衝突よりも、文明の共存のほうに比重がかかっていることは明白です。

移民の時間

次に、軸を暦法ではなく海外に移住した日本人に切り替えてみましょう。そして日本人移民が暦の時間をどのように体験したかについて見てみましょう。さらに、その子孫《しそん》が「デカセギ」として日本に逆流している現象にもカレンダーからアプローチしてみることにします。

ここではまず南米の日本人（日系人）が使っているカレンダーの観察からはじめましょう。

カレンダーはそもそも日にちを知るためのアイテムですが、同時にさまざまな情報を発信するメディアでもあるとこれまで何度も書きました。宗教、企業、国家、地域、芸術など多様な文化が付帯《ふたい》情報として提供されているのです。切手がもっぱら国民文化を図案化《ずあんか》しているのにたいし、カレンダーはそれ以外にも大衆文化や民俗文化、便利情報や商品広告など、雑多な情報を盛り込む媒体《ばいたい》となっています。そのことを日本人の移住から照らし出してみたいのです。

日本人の南米移住はペルーへは一八九九年、ブラジルへは一九〇八年からはじまりました。すでにハワイ、アメリカ、カナダへと移住していった日本人ですが、二〇世紀初頭、同地域での移民制限政策のため、ペルーやブラジルへと行き先の変更を余儀なくされました。ペルーではもっぱらサトウキビ農園に、ブラジルでは主にコーヒー農園に労働者として雇《やと》われていったのです。それは契約労働でしたから、一時的な出稼《でかせ》ぎのつもりで渡航《とこう》した人たちも多かったでしょう。

時うつり、それから一世紀。この間、日本人の海外移住は一九六〇年代の高度成長とともに下火となり、細々と続いていた国策としての南米移住も一九九三年に打ち切られました。ところが逆に、一九九〇年の入国管理法の改正により、日系南米人などが正式に「定住者」「日本人の配偶者《はいぐうしゃ》など」および「永住者の配偶者など」として入国が許されるようになりました。そのため日系ブラジル人を中心に、ラテンアメリカから「デカセギ」と呼ばれる雇用労働に従事《じゅうじ》する人びとが増加したのです。

ペルーの日系人向けカレンダー

最初にとりあげるのはペルー新報の発行した二〇〇〇年のカレンダーです。Perú

Shimpo の下に「BODAS DE ORO（金婚式）一九五〇－二〇〇〇」とあるのは創刊五〇周年の意味です。ペルーのNBK Bank（ＮＢＫ銀行）が広告を出しています。ENEROとは一月のことです。曜日はスペイン語と日本語が併記され、日付は算用数字と漢字とで構成されています。漢字の日付は旧暦であり、旧二十五とあるのは旧暦の二五日をさしています。二〇〇〇年の一月一日は旧暦では一一月二五日にあたります。赤文字は祝日の意で、AÑO NUEVOとは新年のことです。

このカレンダーには日本では明治五（一八七二）年に廃止された旧暦がのっています。新暦にもとづく行事は、現実には東京を中心とする都会から徐々《じょじょ》に浸透がはかられていますが、農山漁村部では終戦直後まで旧暦行事がけっこう残っていました。また月遅れの行事が案出《あんしゅつ》され、旧暦の三月なら新暦の四月に、旧暦の七月なら新暦の八月に、日にちをそのままずらしています。また、奄美《あまみ》・沖縄地方では旧暦行事、とくに旧盆が盛んなことは民俗学ではよく知られています。したがって、旧暦の併記されたこのカレンダーからペルーへの移住者に同地方の出身者が多いことが推定されます。

よく見ると、日付の背景には薄い赤のイラストで龍《りゅう》が描かれています。このことから辰《たつ》年であることがわかります。また六輝がのっています。六輝とは六曜のことです。六曜は

ペルーの日系人向けのカレンダー

いまでも結婚式や葬式《そうしき》のときの目安となっていますが、たとえば一月（睦月《むつき》）の大安《たいあん》は一日、一二日、一八日、二四日、三〇日であることがわかります。しかし、六日が仏滅《ぶつめつ》で、七日が大安をぬかして赤口《しゃっこう》となっているのはなぜでしょうか。

六曜は先勝《せんしょう》→友引《ともびき》→先負《せんぶ》→仏滅→大安→赤口の順でくりかえされますが、月が変わると一日が、正月・七月は先勝、二月・八月は友引（以下省略）、六月・一二月は赤口という順番で変更になります。ただし、注意を要するのは、それが旧暦でおこなわれる点です。西暦一月七日は旧暦一二月一日なので、赤口というわけです。六曜にも旧暦が紛《まぎ》れ込んでいることが、ここでのポイントです。

右下隅には一二月と二月のカレンダーがのっていて、一月の前後二ヶ月の日付がわかって便利です。祝日や行事も日本語で記載されています。一月から順に印刷されたとおりに、できるだけ忠実に紹介していきましょう（なお、「秘」はペルーのことです）。

一月　〈旗日マーク（以下、旗）〉元日（一日）、旧一二月一日（七日）
二月　節分（三日）、旧元日（五日）、聖バレンタインデー（一四日）
三月　ひな祭（三日）、旧二月一日（六日）、彼岸入り（一七日）、彼岸中日（二〇日）、

彼岸明け（二三日）

四月　日系移民・秘日友好の日（三日）、旧三月一日（五日）、〈旗〉聖木曜日（二〇日）、〈旗〉聖金曜日（二一日）、〈旗〉復活祭（二三日）、秘書の日（二六日）

五月　〈旗〉メーデー（一日）、旧四月一日（四日）、子どもの日（五日）、母の日（一四日）

六月　旧五月一日（二日）、国旗の日（七日）、父の日（一八日）、農夫の日（二四日）、〈旗〉聖ペドロと聖パブロの日／漁夫の日（二九日）

七月　ペルー新報創刊五〇周年祭（一日）、旧六月一日（二日）、教師の日（六日）、七夕（七日）、盆むかえ火（一三日）、盆（一五日）、盆送り火（一六日）、〈旗〉独立祭（二八〜二九日）、旧七月一日（三一日）

八月　旧七夕*（六日）、ウンケー*［旧暦七月一三日］（一二日）、旧盆（一四日）、ウクイ*［旧暦七月一五日］（一四日）、［日本］終戦記念日（一五日）、旧八月一日（二九日）、〈旗〉聖女ロサの日（三〇日）

*旧七夕、ウンケー、ウクイは沖縄の習慣。地方によって日にちがちがうことがあります。

九月　彼岸入り（二〇日）、彼岸中日（二三日）、彼岸明け（二六日）、ペルーの春の日（二三日）、旧九月一日（二八日）

一〇月　記者の日（一日）、〈旗〉アンガモスの海戦記念日（八日）、奇跡のイエス（一八日）、旧一〇月一日（二七日）、クリオーヨの日（三一日）

一一月　〈旗〉諸聖人の日（一日）、故人の日（二日）、旧一一月一日（二六日）

一二月　〈旗〉受胎告知（八日）、〈旗〉クリスマス（二五日）、大晦日（三一日）

ここに掲載された祝日や行事は次の七つに分類されます。

・ペルーの国家が制定した祝日
・キリスト教の祝祭日
・日系移民全体にとっての祝祭日
・日本の祝祭日
・沖縄の祝祭日
・ペルー新報にとって特別の日

・旧暦の朔日《さくじつ》

日本人・日系人にとって特徴的なことは、第一に日系移民・秘日友好の日として四月三日がもうけられていることです。これは一八九九年四月三日に七九〇名の移民を乗せた佐倉丸がカヤオ港に到着した日に由来します。この日を中心に日系社会ではさまざまな記念行事がくりひろげられるのでしょう。

第二の特徴としては、節分《せつぶん》、彼岸《ひがん》、七夕《たなばた》、盆など、日本でも一般的な行事にくわえ、沖縄の行事を特記していることです。しかもそれは旧暦でおこなわれ、地方によって日程にちがいが見られるようです。たとえば、七夕に西暦の七月七日と旧暦の七月七日がふたつあるように、盆行事にも西暦と旧暦にもとづくものがあり、沖縄など南西諸島の出身者とそれ以外の人びととのあいだに習慣の相違《そうい》があることを示唆《しさ》しています。

カレンダーは日付を知るためだけではないと先に述べました。このカレンダーの写真もそのことを如実《にょじつ》に物語っています。中央にはペルー新報を読む老人が座っています。しかも新聞のトップ記事は日本語ではなくスペイン語で Se inicia la semana Grande de las celebrasiones del Centenario「百年祭の祝賀行事の大週間がはじまった」という見出しがおどっています。ペルーと日本の国旗を先頭にした行列の写真も見えます。一九九九年は日本人のペルー移住一〇〇周年を盛大《せいだい》に祝った記念すべき年でした。二〇〇〇年のペルー新報発行のカレンダーをPRするのにこれほどふさわしい記事はないでしょう。

ところで、この老人はいったい何者でしょうか。そして彼をかこむ三人は……。

実は、わたしはこの長老にインタビューしたことがあり、この顔ぶれを知っています。新聞を指さしているのは息子で、左右の少年と少女は彼の子どもたちです。つまり三世代がこの写真にはおさまっているわけです。その構図《こうず》もまた百年を象徴するにふさわしいし、しかも、未来につながっています。子どもたちがそれを暗示《あんじ》しています。

中央の人物は伊芸銀勇《いげいぎんゆう》氏。彼は教育者で、一九三四年にチャンカイ小学校の教頭として赴任《ふにん》し、一九三七年には南光学園の校長を務め、伊芸学園という家庭塾を三年半ほど経営していたこともあります。戦争で日本の教科書が入手できなかった時代、それをモデルに、ガリ版刷りでペルーの日本人子弟《してい》のために教科書を作成したこともあります。小柄な体格にもかかわらず覇気《はき》があり、老年にもめげず全身にエネルギーがみなぎっていました。くわえて、沖縄県人（ウチナーンチュ）としての誇《ほこ》りも身につけていました。一九九〇年の

第一回世界ウチナーンチュ大会（於沖縄）のときに乾杯《かんぱい》の音頭《おんど》をとったこともあるといいます。伊芸氏はウチナーンチュの代表的人物のひとりでもあったのです。ちなみに、伊芸家の応接間《おうせつま》で撮影《さつえい》されたカレンダーの写真には沖縄の衣裳《いしょう》である紅型《びんがた》を着た踊り子の人形も写《うつ》っています。

このように、一枚のカレンダーから日付とは直接関係のないさまざまなことが読み取れるのです。

ブラジルの日系人向けカレンダー

日伯《にっぱく》司牧協会が二〇〇八年のブラジル移民一〇〇周年に向けて二〇〇六年にカレンダーを発行しました。「伯」とはブラジルのことです。司牧協会はカトリックの神父の団体です。サンパウロの東洋人街リベルダージ区のある商店では一三レアル（約七八〇円）で販売していました。セピア色の写真はブラジル日本移民史料館からの借用《しゃくよう》であり、開拓《かいたく》の時代に焦点《しょうてん》を合わせたメッセージが日本語とポルトガル語で発信されています。どの教団も、どの日系団体も、この一点をのぞき移民一〇〇周年を記念したカレンダーを発行していませんでしたので、とくに目立ち、評判もよかったようです。

まず、日付部分の特徴を見てみましょう。月名と曜日はポルトガル語ですが、月齢《げつれい》が四通り――新月《しんげつ》・上弦《じょうげん》・満月《まんげつ》・下弦《かげん》――のマークで表示されています。ペルーのカレンダーには旧暦がのっていたので、一日は新月、一五日は満月というように、すべて月齢が読み取れるのにたいし、ここには四つのマークしかありません。これはブラジルのカレンダー一般にも通じています。つまり、太陰暦そのものの併記はありませんが、新月・上弦・満月・下弦を示すマークのついたカレンダーは多いのです。

ブラジルでも釣り人にとって、新月と満月は不可欠の情報です。また、縁起《えんぎ》をかついで、満ちていく月のときに髪を切ったり、貯金をしたり、商売をはじめたりするような習慣が存在します。アフロ・ブラジリアン宗教の儀礼でも、満月に向かう白分《はくぶん》（新月から満月の間）に生まれた子どもは男っぽいとか、月が細くなっていく黒分《こくぶん》（満月から新月の間）はエシュ（アフリカ起源の神）が跋扈《ばっこ》し悪事がはびこるなどと言われています。日付部分の下段には祝祭日も記されています。

先に見たペルーのカレンダーとは異なり、ここには日本の祝祭日も沖縄のそれも印刷されていません。カトリック教会の発行ですから、当然と言ってしまえばそれまでですが、

ブラジルの日系人向けのカレンダー

カトリックの行事に重きがおかれています。言うまでもなく、ブラジルはポルトガルの植民地として発展し、人口の大多数はカトリック教徒です。日本人移民も二世が誕生するとカトリックの洗礼を受けさせる人が多かったのです。

そして、このカレンダーの最大の特徴は、月を追うごとに移民の歴史をたどれるように写真と解説がデザインされ、さらに聖句が添《そ》えられていることです。日本人移民史と聖書を対応させることによって、歴史体験の宗教的理解をねらっていることがうかがえます。

日本人移民のブラジル移住、コーヒー農園での被雇用《ひこよう》労働、みずからの力による植民地の建設、綿《わた》の収穫、新しい家庭のいとなみ、スポーツ、日本人会館や日本語学校の設立、天皇誕生日の祝賀会、映画や皇族のブラジル訪問による日本との絆《きずな》の確認などのトピックが歴史的系列でならび、移住先の讃美《さんび》で締《し》めくくられます。古いセピア色の写真によって喚起《かんき》される追憶《ついおく》のイメージ、移民史の流れ、そしてそれを聖句と結びつけて記憶させる製作者の意図《いと》がうかがわれます。移民史の解説に宗教色はなく、皇室への思いをふくめ、ひろく移住者一般の心情《しんじょう》と通じるものがあります。しかも、聖句を引用することにより、移住体験に聖なる意味が付与《ふよ》され、定住に祝福があたえられています。いかにもカトリック教会が日本人・日系人向けに発行したメディアとしてのカレンダーではないでしょうか。

ひとつのカレンダーからすくなくともこれだけの情報が入手できますし、そこからさらなる情報の探索《たんさく》に着手することも可能です。「移民を考える」とき、カレンダーがひとつのきっかけを与えてくれることに、もはや疑念の余地《よち》はないでしょう。たかがカレンダーと言うなかれ。「暦」にひとつの枠組みを与えてきたのは、ほかならぬ「暦」だったのですから。

祝日返上で働く在日ブラジル人

さて、ブラジルがカーニバルで沸《わ》きかえっている時期、在日ブラジル人たちは何をしているのでしょうか。答えは〈必死に働いている〉です。もちろん、カーニバルの時期に長期休暇をとり、一時帰国している人たちはいます。しかし、大半の人は日本の週日の常として、労働にいそしんでいるのです。横浜市鶴見区の本町通商店街には南米人のための店やレストランが点在しますが、カーニバルの時節にサンバが特別あつかいされることはありません。

クリスマスにも在日ブラジル人たちは会社に出勤しています。長野県上田市にあるブラジル人経営の託児所《たくじしょ》で聞いた話によると、日本の保育園や幼稚園に子どもをあずけているブラジル人たちは天皇誕生日やクリスマスのころ、休みをとらないこの託児所の世話になっているそうです。在日ブラジル人にとってクリスマスやカーニバルはどうやら祝日ではなく、工場労働のスケジュールが優先《ゆうせん》されているのです。日本とブラジルの祝日を両方楽しんでいるかと思いきや、どちらの祝日も返上《へんじょう》して労働に従事しているようなのです。日本とブラジルの祝日を記載したカレンダーはけっこうたくさん収集できましたが、実態はかくのごときであり、カレンダーの表示に惑《まど》わされてはならない一例です。ブラジルの在日公館も本国にあわせて業務を休むようなことはすくなくなっているようです。

在日外国人はいまや二〇〇万人を数え、人口の一・六パーセントを占めるようになりました。彼ら／彼女らのために独特のカレンダーもつくられるようになってきています。在日のコリアン、華僑《かきょう》（中国出身者）・華人《かじん》（中国系の住民）、フィリピン人、ブラジル人、それ以外にも東方正教会やイスラーム教徒がもっぱら使用するところのカレンダーなどです。多文化との共生《きょうせい》がうたわれてからけっこう時間がたちました。わたしはさまざまなカレンダーの分析をとおして、在日外国人文化の情報発信と利用形態、ならびに民族間・文化間・文明間の折り合いの問題をこれからも追究していきたいと考えています。

column

花カレンダー

五月といえばメーデー、メイポール、メイフラワーなどが連想されます。

メーデーは五月一日の行事で、ヨーロッパでは古くは「五月の女王（メイクイーン）」に花の冠《かんむり》をかぶらせて楽しむ祭日でした。労働者の祭典であるメーデーは一八八六年のシカゴにおける八時間労働制要求のデモに実質的な起源をもち、この日を休日にする国はすくなくありません。中国のように一週間の休暇をもうけているところもあります。

メイポールは五月に立てる柱のことで、世界樹を意味すると言われ、柱に何本もの色つきのテープを巻きつけ、その下端をそれぞれ手に持って踊りを楽しみます。柱にまとわり着いたテープの彩《いろど》りも美しいものです。ドイツやイギリスではいまでも盛んにおこなわれている行事であり、ブラジルでも見たことがあります。

メイフラワーは五月の花を意味しますが、イギリスには次のように季節感をみごとに言いあらわす表現があります。

March winds and April showers bring forth May flowers.

三月の風と四月の雨が五月の花をもたらす。

四月の雨はシャワーと呼ばれるように、さらさらと降りかかる雨です。傘《かさ》などをさす必要もないほどで、すぐに止み、おしめりといった感じです。そのおかげで五月に花が咲くというわけです。

英語では五月のことをメイと言います。それにちなんで、その頃に咲く白い花もメイと呼ばれています。これはサンザシ（ホーソンの花）であり、メイフラワーと同義です。メイはもともとローマ神話の女神マーイアからきた言葉です。それは増加や生長をつかさどる神であり、手に花をもっています。

古代ローマの月名がいまだ残っています。一月の January ははじめと終わりをつかさどる双面神《そうめんしん》のヤヌス、三月の March は軍神マーズに由来します。メイもそのひとつで、開花を意味する April（四月）をひきつぎ、育てる任務を負《お》っています。

五月の第二日曜日を「母の日」とし、赤いカーネーションをおくる習慣はアメリカではじまりましたが、女神マーイアと手にもつ花の組み合わせは、直接の関係はなくとも「母の日」が五月であることに何らかの影響を及ぼしているのでしょうか。

フランスのアルザス地方で入手したカレンダーを見ると、五月には男の子がスズランのブーケを手にもっています。五月一日に幸運を祈ってスズランをおくる習慣があるからです。ちなみに、フランスの母の日は五月の最終日曜日で、二〇〇九年は五月三一日です。

イギリスがメイフラワーなら、フランスはフロレアルです。フランス革命の時代に使われた革命暦（共和暦）にはフロレアルという月があります。花の月という意味で、第八番目の月です。フロレアルは西暦では四月二〇日（閏《うるう》年は二一日）からはじまり、五月一九日に終わります。まさに花が咲きほこる月と言えるでしょう。

二〇〇九年の五月一日と五月三一日は旧暦ではそれぞれ卯月《うづき》七日と皐月《さつき》八日にあたり、卯月がその大半を占めています。卯は十二支では第四番目であり、四月を卯月と称する有力な根拠《こんきょ》となっています。しかし、このコラムの関心は花であり、その点では卯の花の咲く月が卯月であるとも言えます。文部省唱歌《しょうか》でも「卯の花のにおう垣根に　ホトトギス早

MAY
1 Tuesday
2 Wednesday
3 Thursday
4 Friday
12 Saturday
13 Sunday
14 Monday
15 Tuesday
21 Monday
22 Tuesday
23 Wednesday
24 Thursday

イギリスのカレンダー

も来鳴きて」と歌われています。万葉集には卯の花は二四首《しゅ》詠《よ》まれていて、そのうち一五首がホトトギスとセットになっているそうです。古代から愛《め》でてきた花なのでしょう。

ところで、旧暦の卯月八日にはテントウバナ（天道花）の習俗がひろく見られます。この日、山から採《と》ってきたツツジ、藤《ふじ》、山吹《やまぶき》の花などを竿《さお》の先につけて家の前庭に立てます。花折節句《はなおれせっく》とも呼ばれ、冬のあいだ山に帰っていた神を里にむかえる行事と考えられています。花は神の依《よ》りつく依り代《しろ》と見なされ、いよいよ稲作《いなさく》がはじまるのです。

他方、四月八日は釈迦《しゃか》の誕生日でもあり、灌仏会《かんぶつえ》という行事がおこなわれます。釈迦の誕生仏の頭に甘茶をそそぐものですが、小堂を花で飾りたてるところから別名「花祭り」とも言います。季節柄、花の使用という点では共通するところもありますが、テントウバナとは起源を異《こと》にする行事です。

温帯地域の西ヨーロッパや日本では花が咲きはじめる四月や五月に暦の上では特別な思い入れをしてきたようです。また日本では花暦が生《い》け花と結びついて独特の文化を生みだしています。外務省が在外公館を通じて関係者に配るカレンダーが生《い》け花の写真を使っているのもゆえなしとはしません。

もっと知りたい！

最後に、カレンダーについてもっと知りたいという読者のために、文献《ぶんけん》やウェブサイト、さらにはカレンダーの展示をおこなっているミュージアムを紹介しておきましょう。

暦一般

暦法一般について便利な書籍は岡田芳朗・阿久根末忠編著『現代こよみ読み解き事典』（柏書房、一九九三年）です。内田正男著『暦と時の事典――日本の暦法と時法』（雄山閣、一九八六年）も基本的な文献です。

世界のさまざまな暦の暦法を知るためには須賀隆氏が開設したホームページ（[Suchowan's Home Page] http://www.asahi-net.or.jp/~dd6t-sg/）がすぐれています。希望の日にちを入れれば、ただちに他の暦法に変換してくれる暦相互変換サイトも自由に利用できます。解説つきの主要な暦法には、日本日付、太陰太陽暦、グレゴリオ暦、イスラーム暦、ユダヤ暦、エチオピア暦、チベット暦、ホビット庄暦、タイ仏暦、バリ＝シャカ暦、マヤ暦があり、エジプト暦、ユリウス暦、サカ暦（インド）、コプト暦、イラン暦、フランス共和暦などもついています。

国立民族学博物館のホームページから所蔵資料のデータベース（http://www.minpaku.ac.jp/menu/database.html）をひらくとカレンダー約一二〇〇点の画像と情報にアクセスすることができます。

世界の暦と生活文化

世界各地の暦と生活文化との関連を知るには小島麗逸・大岩川嫩編『「こよみ」と「くらし」――第三世界の労働リズム』（アジア経済研究所、一九八七年）が網羅《もうら》的です。とりあげられている国や地域は韓国、中国、香港、フィリピン、ベトナム、マレーシア、タイ、ビルマ（ミャンマー）、インドネシア、インド、バングラデシュ、パキスタン、スリランカ、エジプト、イスラエル、イラン、シリア、レバノン、アルジェリア、コートジボアール、ナイジェリア、ケニア、ペルー、ブラジル、メキシコ、ニューギニアです。

『国際交流』九九号（国際交流基金、二〇〇三年）は「考暦学ことはじめ」（中牧弘允監修）

を特集しています。巻頭鼎談《ていだん》「グローバルな暦、ローカルな暦、そしてバイカレンダー化」（岡田芳朗・樺山紘一・中牧弘允）では内外のさまざまなカレンダーをとりあげながら、暦による時の支配や、文明・文化を生かす知恵などについて語り合っています。座談会「世界のカレンダー」では中国、マレーシア、ブラジル、ハンガリーからの外国人留学生たちと坂本要氏が語り合っています。巻末鼎談「世界に根付く暦」（渡邊欣雄・宮崎恒二・土佐桂子）では沖縄、ジャワ、ミャンマーの暦や占いについて論じています。

『アジア遊学』一〇六号「特集　カレンダー文化」（勉誠出版、二〇〇八年）には日本の旧暦、雪形、沖縄の暦にくわえ、在日の華人、日系人、フィリピン人、ベトナム人、ならびにイスラーム教徒の使用するカレンダーについての報告があります。さらにミャンマー、インド、ネパール、モンゴル、イラン、トルキスタン、アメリカ、ブラジルのカレンダーがとりあげられています。

岡田芳朗『アジアの暦』（大修館書店、二〇〇二年）は暦のしくみを中心とした概説書ですが、在日アジア人の暦感覚を知るうえで参考となります。とりあげられているのは韓国、中国、台湾、香港、ベトナム、インド、ネパール、タイ、ラオス、インドネシア、ならびにイスラーム暦とイラン暦です。

現在、実際に使用されている世界各地のカレンダーを解説つきで紹介しているものとしては、月光天文台監修『暦——月日を奏《かな》でる世界』（財団法人国際文化交友会、二〇〇四年）がおすすめです。そこには一二〇を超える国と機関のカレンダーがカラーで掲載《けいさい》されています。日本の暦のコレクション目録《もくろく》としては『国立国会図書館所蔵個人文庫展　日本の暦』（国立国会図書館、一九八四年）が参考になります。

旧暦の見直し

旧暦の静かなブームのきっかけとなったのは一九八七年から発行されている旧暦カレンダー（大阪南太平洋協会）です。同協会理事長である松村賢治氏が執筆《しっぴつ》した『旧暦と暮らす——スローライフの知恵ごよみ』（ビジネス社、二〇〇二年）と、同カレンダーの監修者である小林弦彦氏の『旧暦はくらしの羅針盤』（日本放送出版協会、二〇〇二年）は広い範囲の読者に好評《こうひょう》を博《はく》しています。

カレンダーの展示

カレンダーを常時ないし恒例で展示しているところには次のような施設があります。

＊新藤暦展示館（東京都墨田区横網）
現代世界のカレンダー展示、昭和二〇～四〇年代の月めくりカレンダー展示、明治期・大正期の一枚刷り引札《ひきふだ》・略暦・古典もの展示から構成されています。

＊おおい町名田庄暦会館（福井県大飯郡おおい町名田庄）
応仁《おうにん》の乱をのがれてこの地に住み着いた土御門《つちみかど》家（安倍家）とその暦に関する展示から構成されています。

＊月光天文台（静岡県田方郡函南町）
「世界のこよみ展」が毎年恒例で開催されています。

＊時の資料館（奈良県奈良市）
日本をはじめ世界各地の時計や暦などを展示している個人ミュージアムです。

カレンダーを楽しもう

Time is money.「時は金なり」という格言《かくげん》があります。ギリシアの哲学者ディオゲネスが「時は高い出費《しゅつぴ》である」と言ったことに由来するとのことですが、一般に広まったのはベンジャミン・フランクリンがエッセイでとりあげたことに起因《きいん》しています。フランクリンは避雷針《ひらいしん》の発明だけでなく、『貧しいリチャードの暦』という格言集を発行したことでも知られています。そこには「急がばまわれ」に近い Haste makes waste.「急ぐと無駄《むだ》がでる」とか「早起きは三文《さんもん》の得《とく》」に通じる Early to bed and early to rise, makes a man healthy, wealthy, and wise.「早寝早起きは人を健康で、裕福で、賢明《けんめい》にする」のように時間の使い方に関するものも多く見られます。

フランクリンにあおられたせいか、現代人は「時は金なり」の金科玉条《きんかぎょくじょう》にふりまわされる日々を送っています。カレンダーと時計がそれを管理しているのです。それを象徴《しょうちょう》するかのように、You may delay, but Time will not.「あなたは遅れてもかまわないが、時間はそうはいかない」という格言ものっています。しかし同時に、Time is an herb that cures all diseases.「時間はあらゆる病気を治す薬草である」というのもあり、ホッとさせられます。

わたしも時間を有効に使うべく、一五年ほど前、年末の一ヶ月をインドネシアでのカレンダー収集をかねた調査旅行にあてたことがあります。東南アジアの専門家でもないわたしが、カレンダーをたよりに、人びとの生活に多少でもふれることができたのが自信となり、「考暦学《こうれきがく》」を提唱《ていしょう》するようになりました。以来、カレンダーの収集と整理、それに「カレンダーから世界を見る」ことに時間を割《さ》くようになりました。おかげで調査や出張での世界各地への旅がいっそう楽しくなりました。また、わたしの収集癖《へき》を知る友人や知人たちがたくさんのカレンダーを届けてくださり、わたしの世界認識はますますひろがってきました。

その一端《いったん》を今回このようなかたちでまとめることができ、これまでお世話になった方がたにすこしは恩返《おんがえ》しができたかと思っています。また、カレンダーのような身近なもののコレクションをとおして、マスコミや教室とはちがう情報を入手できることを知っていただいただけでも、小著刊行の意義があったことを願っています。さらに、これを機会に

「考暦学」の学徒《がくと》があちこちで輩出《はいしゅつ》することを期待してやみません。

本書の刊行をすすめていただいた白水社の岩堀雅己氏には本当にお世話になりました。「ちがい」があるから世界はおもしろいという、その構想力と構成力がなかったら、陽の目を見なかったにちがいありません。

最後にエピソードをひとつ。二〇〇七年に韓国人からいただいたカレンダーに豚年（亥年が中国や韓国では豚年）にちなんだものがありました。しかも二〇〇七年は金豚で、六〇年に一度めぐってくる金運にめぐまれるという縁起《えんぎ》のいい年でした。一二枚物のカレンダーには月ごとに豚にまつわる格言がのっていました。そのなかの一枚にやはりありました。何がって？

Pig is Money.「豚は金なり」

平成二〇年の時の記念日に

中牧弘允

・アラブ首長国連邦のドバイ男子カレッジの学年暦【117 頁】
・フィンランドのアイスホッケー・カレンダー【119 頁】
・大阪府岸和田のだんじりカレンダー【123 頁】［大越公平氏蔵］
・東京モスク発行のカレンダー【129 頁】
・シンガポールのカレンダー【133 頁】
・タンザニアのカレンダー【136 頁】
・サウジアラビアのカレンダー【138 頁】
・ペルーの日系人向けのカレンダー【145 頁】
・ブラジルの日系人向けのカレンダー【153 頁】
・イギリスのカレンダー【161 頁】

初出一覧

以下の論考をもとに再構成し、加筆・修正ならびに書き下ろしをおこない、ですます調にあらためました。


「聖人暦から民族文化を探る」『産経新聞夕刊』（大阪版）、1999 年 12 月 13 日。

「暦法と祝祭日の折り合いをめぐって」「リーディング・ガイド」『民博通信』109 号（特集「マルチな暦を生きる――カレンダーにみる在日外国人のくらし」）、国立民族学博物館、2005 年。

「イスラーム暦のグローバル化――考暦学の視点から」住原則也編『グローバル化のなかの宗教――文化的影響・ネットワーク・ナラロジー』世界思想社、2007 年。

「世界の暦　大集合！」『NHK 知るを楽しむ　歴史に好奇心』日本放送出版協会、2007 年 12 月－2008 年 1 月号。

「カレンダー文化の特集に寄せて」『アジア遊学』106 号（特集「カレンダー文化」）、勉誠出版、2008 年。

「南米の日本人、日本の南米人――カレンダーによる授業に向けて」森茂岳雄・中山京子編『日系移民学習の理論と実践――グローバル教育と多文化教育をつなぐ』明石書店、2008 年。

「世界のカレンダー」シリーズ「子年」（1 月号）、「紀元」（2 月号）、「春分」（3 月号）、「年度」（4 月号）、「花」（5 月号）、「雨季」（6 月号）、「ユリウス暦」（7 月号）、『IBARAKI』628 号－634 号、茨木カンツリー倶楽部、2008 年。

掲載図版一覧（＊収蔵先を明記していない図版は著者蔵）

著者紹介
中牧弘允（なかまき・ひろちか）
1947（昭和 22）年、長野県生まれ。東京大学大学院人文科学研究科博士課程修了。文学博士。国立民族学博物館教授・総合研究大学院大学教授。
専攻は宗教人類学、経営人類学、ブラジル研究。
カレンダーの収集と研究は 1992 年のインドネシア調査からはじまり、特別展「越境する民族文化」(1999 年度）のコーナー展示を経て本格化し、日本学術振興会科学研究費「マルチカレンダー文化の研究」(2004-2005年度）につながった。
主な著書に『日本宗教と日系宗教の研究――日本、アメリカ、ブラジル』（刀水書房）、『会社のカミ・ホトケ』（講談社）、『会社じんるい学』（共著、東方出版）、『増補　宗教に何がおきているか』（平凡社）、編著書に『価値を創る都市へ』（共編、NTT 出版）、『会社文化のグローバル化』（共編、東方出版）、『現代世界と宗教』（共編、国際書院）など多数。

katachi
地球のカタチ

カレンダーから世界を見る

2008年 7 月28日 第1刷発行
2009年 4 月28日 第2刷発行

著　者 © 中　牧　弘　允
発行者　川　村　雅　之
印刷所　株式会社　精　興　社

101-0052東京都千代田区神田小川町3の24
電話03-3291-7811（営業部），7821（編集部）
発行所　http://www.hakusuisha.co.jp　株式会社 白水社
乱丁・落丁本は送料小社負担にてお取り替えいたします.

振替 00190-5-33228　Printed in Japan　松岳社（株）青木製本所

ISBN978-4-560-03189-6

出雲晶子
Akiko Izumo

あの星はなにに見える?

空にはたくさんの星がある。でも、それがどんな姿に見えるかは時代や地域によってさまざまだ。星座だけでなく、月や太陽、七夕の話など、星にまつわる世界の想像力いっぱいの一冊。

松村一男
Kazuo Matsumura

この世界のはじまりの物語

私たちの住む世界はどのように生まれたの? そもそも人間はどうやって誕生したの? 世界各地に伝わる「はじまりの物語」には、人類の想像力のかたちが溢れている。

中牧弘允
Hirochika Nakamaki

カレンダーから世界を見る

クリスマスが一月七日に祝われたり、春分の日を正月とする地域がある。世界のカレンダーをとおして、その歴史や紀元など、さまざまな時間のくぎり方を楽しもう。

田中真知
Machi Tanaka

近刊

美しいをさがす旅にでよう

人はどんなときに「美しい」と感じてきたのか、なにを美しいととらえてきたのか。それは地域や時代によってどのようにちがっているのか。美のカタチから世界を見渡すガイドブック。

やわらかあたまへのみちしるべ

椎名 誠
(作家)

アメリカに「やわらかあたま社」という小さなシンクタンクがある。ニューヨークに住んでいるぼくの娘が出入りしているのでその組織のやりかたや考え方をいろいろ知って感心した。同時にそれにくらべると自分をはじめとして仕事でつきあっている会社や組織がずいぶん「かちかちあたま」になっていることを痛烈に知り、人間の思考は常にあちこちから刺激をうけ、積極的に対応していかないとえらく小さな石ころ頭になってしまうのだな、ということに気がついた。

この「地球のカタチ」シリーズは、そういう危機を救ってくれるまさに「やわらかあたまへのみちしるべ」だ。初期ラインアップ四冊の要所要所を見ることしかできないが、それらを読んでまさに「おお!」と感嘆の声を上げたくなった。

全体に共通しているのは視点の「やわらかさ」である。まあそれがこのシリーズの真の髄であるのだから当然なのだが、よくぞこういう視点にもとづいて世界を総括的にとらえなおしてくれたものだ、と感謝したい気持ちになった。

往々にして「かちかち頭」になりがちな現代人は、モノを見るとき、それを考えるとき、どうしても自分個人の経験や固定観念や価値観を基準にして一方的な視点から理解したつもりになりがちだが、このシリーズは痛快なまでにその「かちかち概念」を粉砕してくれる。それも書斎学者が頭で書いているような隔靴《かっか》掻痒《そうよう》の論文ではなく、一読すればたちまちずんずん猛スピードで入り込んでいけるような分かりやすい文体で魅力的に書いてあるので大変ありがたい。

むかしから「かちかち頭」の人は本当はやさしいことをことさら無意味なほどに難しく書くことが多い。官庁の文章がその典型だ。しかし実はそういう世界が「頭の悪い」見本みたいなものだ、とわたしたちは気がつきはじめている。このシリーズは本当は奥の深い結構大変に難しい物理的概念や精神感覚などを面白く分かりやすく表現してあって、どうにもタダナラヌ「かしこい本」ばかりになりそうである。かなり大きく期待している。

(しいな・まこと)